黄河流域水环境保护与管理研究

宋洁　邵璇　冯青　张哲　张炜　著

天津出版传媒集团
天津科学技术出版社

图书在版编目（CIP）数据

黄河流域水环境保护与管理研究 / 宋洁等著. -- 天津 : 天津科学技术出版社, 2023.9
ISBN 978-7-5742-1579-5

Ⅰ. ①黄… Ⅱ. ①宋… Ⅲ. ①黄河流域－水环境－生态环境－研究 Ⅳ. ①X143

中国国家版本馆CIP数据核字(2023)第180165号

黄河流域水环境保护与管理研究
HUANGHE LIUYU SHUIHUANJING BAOHU YU GUANLI YANJIU
责任编辑：房　芳
责任印制：兰　毅
出　版：天津出版传媒集团
　　　　天津科学技术出版社
地　址：天津市西康路35号
邮　编：300051
网　址：www.tjkjcbs.com.cn
发　行：新华书店经销
印　刷：北京时尚印佳彩色印刷有限公司
开本 787×1092　1/16　印张 13.75　字数 280 000

2024年3月第 1 版第 1 次印刷
定价：88.00 元

前 言

黄河是中华民族的母亲河，是中华文明的发祥地，也是我国重要的生态安全屏障和经济社会发展的重要区域。黄河流域水环境保护与管理，关系到黄河流域生态安全和高质量发展，关系到全国生态文明建设和现代化进程，关系到中华民族伟大复兴的千秋大计。

党的十八大以来，以习近平同志为核心的党中央高度重视黄河流域生态保护和高质量发展，作出了一系列重大决策部署，提出了“共抓大保护、不搞大开发”的重要指导思想，明确了“节水优先、空间均衡、系统治理、两手发力”的治水思路，印发了《黄河流域生态保护和高质量发展规划纲要》，将黄河流域生态保护和高质量发展上升为重大国家战略。这些重大举措，为黄河流域水环境保护与管理指明了方向、提供了遵循、注入了动力。

本书以水为主线，以流域为着眼点，系统梳理了黄河流域水环境保护与管理的现状、问题、挑战和机遇，综合分析了黄河流域水环境保护与管理的目标、原则、路径和措施，提出了黄河流域水环境保护与管理的创新思路、关键技术和政策建议。

本书的编写，旨在为推动黄河流域水环境保护与管理提供科学依据和技术支撑，为实现黄河流域生态安全和高质量发展贡献力量。

本书共分为八章，第一章绪论，介绍了本书的编写背景、意义、内容和方法。第二章黄河流域水资源现状与问题，分析了黄河流域水资源状况和用水特点。第三章水环境保护政策与法律法规，梳理了国家和地方相关政策法规及其执行情况。第四章黄河流域水生态系统功能评价，阐述了黄河流域水生态系统的结构和功能，并对其进行了定量评价。

第五章污染物特征及对水环境的影响，评价了黄河流域水环境质量和污染状况，并分析了主要污染物对水环境的影响机理。第六章水环境治理技术，介绍了针对不同类型污染物的治理技术原理、效果和应用案例。第七章水环境监测技术，介绍了常规监测方法和新型监测技术在黄河流域水环境监测中的应用。

第八章水资源保护与利用，提出了黄河流域水资源节约集约利用的原则、路径和措施。

本书的编写是在多位专家学者的指导和参与下完成的，涉及水文、水资源、水环境、水生态、水安全等多个学科领域，力求做到全面、系统、科学、创新。由于时间紧迫，资料有限，水平有限，难免存在不足之处，敬请广大读者批评指正。

目 录

第一章　绪论……1
研究背景和意义……1
黄河流域地貌及地理区域划分……4
黄河流域生态系统类型及格局演变……6
黄河流域生态环境特点……8
第二章　黄河流域水资源现状与问题……13
黄河流域水资源概况……13
水资源利用的问题……16
黄河流域水环境污染的现状和特点……19
水污染问题面临的挑战……26
黄河流域生态环境与经济发展……31
黄河治理面临的问题和挑战……35
黄河水利规划的指导思想和主要任务……42
微塑料对黄河入海口藻类的影响……45
第三章　水环境保护政策与法律法规……48
水环境保护政策……48
水资源管理法律法规……53
水环境保护实践中存在的问题……56
水环境生态安全保障对策分析……62
第四章　黄河流域水生态系统功能评价……67
湿地和水生态系统的重要性……67
湿地有机碳的分布格局及其影响因素……70
黄河流域水生态系统评估方法……76
黄河流域生态系统功能评价结果……79

黄河流域水生态系统的功能和意义 84
黄河流域水生态系统功能评价指标体系构建 87
黄河流域水生态系统功能评价方法和结果 90

第五章　污染物特征及对水环境的影响 93

放射性污染特征及其影响 93
重金属污染特征及其影响 96
有机污染物特征及其影响 101
污染物排放对水环境和经济造成的损失 108
污染物对水环境的物理、化学和生物影响 110
污染物的迁移、转化和归趋过程 112
污染物的监测、评价和控制方法 114
几种典型污染物的监测、评价和控制方法分析 118
污染物对水资源利用和水生态系统服务的影响 125
黄河流域城市水环境污染应急对策研究 127
建立水环境污染水质预警与管理系统 130

第六章　水环境治理技术 134

生物技术在水环境治理中的应用 134
吸附剂在水处理中的应用 136
活性炭吸附技术在水处理中的应用 138
吸附水环境治理技术 143
黄河流域生态环境治理途径 147
黄河流域生态治理措施分析 151
基于高新技术的黄河综合治理 155
水环境污染物总量控制下的环境经济对策 158

第七章　水环境监测技术 161

黄河水环境检测概述 161
黄河水质检测技术的现状和发展 163
水环境监测现状及存在的问题 165
水环境监测技术的分析和应用 169
监测数据处理和分析方法 175

监测数据存在的问题和对策......178
第八章　水资源保护与利用......182
黄河流域水资源的可持续利用......182
饮用水安全保障措施......196
水资源的节约与管理......198
我国水资源的利用与保护......201
黄河水资源利用及其对生态环境的影响......204
黄河流域人水关系分析......208

第一章　绪论

研究背景和意义

黄河是中华民族的母亲河，也是我国重要的经济地带和生态安全屏障。但是，黄河流域面临着水资源短缺、生态环境脆弱、污染治理滞后等突出问题，严重制约了流域经济社会的可持续发展。因此，加强黄河流域水环境保护与管理，是事关国家战略安全和中华民族伟大复兴的千秋大计。

近年来，党中央、国务院高度重视黄河流域生态保护和高质量发展，提出了一系列重大战略部署和政策措施。习近平总书记多次对黄河流域生态环境保护提出明确要求，作出重要指示批示。2021年10月22日，习近平总书记在济南主持召开深入推动黄河流域生态保护和高质量发展座谈会，从新的战略高度发出了"为黄河永远造福中华民族而不懈奋斗"的号召。

为贯彻落实习近平总书记重要讲话精神和党中央、国务院决策部署，各相关部门和地方政府相继出台了《黄河流域生态保护和高质量发展规划纲要》《黄河流域生态环境保护规划》《黄河流域生态保护和高质量发展科技创新实施方案》等文件，明确了黄河流域水环境保护与管理的目标、任务、措施和责任分工。

黄河流域水环境保护与管理研究，旨在深入分析黄河流域水资源、水环境、水生态等问题的成因、特点、趋势和影响，探索适应不同区段、不同类型、不同层次的水环境保护与管理模式和方法，提出科学合理的水环境治理方案和技术支撑，为推动黄河流域生态保护和高质量发展提供理论指导和实践借鉴。

一、黄河流域水环境的研究范围

黄河流域水环境保护与管理研究可以从以下几个方面展开：

黄河流域水资源状况及其对经济社会发展的影响。分析黄河流域水资源总量、空间分布、时间变化、开发利用状况等基本情况，评估黄河流域水资源承载力和用水效率，探讨水资源短缺对流域经济社会发展的制约作用。

二、黄河流域水环境污染现状及其对生态安全的威胁

通过分析黄河流域工业、农业、城镇生活等各类污染源的排放特征、污染物种类、污染程度等基本情况，评估黄河流域水质状况、水环境容量、水生态风险等指标，探讨水环境污染对流域生态系统结构和功能的影响和危害。

黄河流域水环境污染现状及其对生态安全的威胁：

黄河流域工业污染源主要集中在中下游地区，尤其是山西、陕西、河南、山东等省份，涉及化工、冶金、煤炭、电力等行业。这些行业产生的废水中含有大量的有机物、重金属、氮磷等污染物，对黄河水质造成严重影响。据2020年第一季度黄河水质监测报告显示，黄河干流Ⅰ～Ⅲ类水体比例为54.8%，Ⅳ～劣Ⅴ类水体比例为45.2%，其中劣Ⅴ类水体比例为12.9%。其中，山西段和陕西段的劣Ⅴ类水体比例分别为25%和20%，远高于全国平均水平。

黄河流域农业面源污染主要来自于化肥、农药、畜禽养殖等活动，主要影响黄河支流和湖泊湿地等区域。这些活动产生的废水和废弃物中含有大量的氮磷等营养盐，导致水体富营养化和藻类水华现象，破坏了水生态平衡，降低了水体溶解氧含量，威胁了水生物的生存。据资料显示，到2007年，黄河流域年面源污染入河量COD、氨氮、总氮、总磷已经分别超过39万t、1.5万t、13万t和2万t。

黄河流域城镇生活污染源主要分布在中下游地区的大中城市和乡镇，涉及生活污水、垃圾渗滤液、餐饮废油等。这些污染源产生的废水中含有大量的有机物、细菌、病毒等微生物污染物，对黄河水质和公共卫生安全构成威胁。据统计，2019年黄河流域城镇生活废水排放量为18.3亿吨，其中未经处理或处理不达标的废水排放量为6.6亿吨。

水环境污染对黄河流域生态安全的威胁主要表现在以下几个方面：一是影响人民群众饮用水安全。由于水质恶化，黄河流域部分地区的饮用水源受到污染，导致人体健康受到损害。据调查，黄河流域有近2亿人口饮用水不达标，其中有1.5亿人口饮用水严重不达标。二是影响农业灌溉水质。由于水质不良，黄河流域部分地区的农田灌溉水中含有大量的有害物质，导致农作物生长受阻，农产品质量下降，甚至造成农田土壤污染。据估算，黄河流域每年因灌溉水质不良造成的农业经济损失达到100亿元以上。三是影响水生态系统的稳定和多样性。由于水质恶化，黄河流域部分地区的水生态系统遭到破坏，导致水生物种群数量减少，物种多样性降低，甚至出现物种灭绝。据统计，黄河流域

已有20多种鱼类消失或濒危，其中包括国家一级保护动物中华鲟和国家二级保护动物刀鲚等珍稀鱼类。四是影响黄河流域的文化和旅游资源。由于水质恶化，黄河流域部分地区的文化和旅游资源受到污染和破坏，导致文化遗产和自然风光的价值降低，影响了黄河文化的传承和发展，以及旅游业的发展潜力。据调查，黄河流域每年因水环境污染造成的旅游经济损失达到50亿元以上。

黄河流域水环境保护与管理的目标、原则和措施。根据《黄河流域生态保护和高质量发展规划纲要》《黄河流域生态环境保护规划》等文件，明确了黄河流域水环境保护与管理的总体目标、分阶段目标、重点任务和主要措施。

三、黄河流域水环境保护与管理的目标、原则

黄河流域水环境保护与管理的总体目标是：到2025年，基本实现黄河干流Ⅰ～Ⅲ类水体比例达到75%以上，Ⅳ～劣Ⅴ类水体比例控制在25%以下；支流、湖泊湿地等重点区域水质明显改善；重点污染源排放达标率显著提高；城镇生活污水处理率达到95%以上；农业面源污染得到有效控制；水生态系统功能得到恢复和提升。到2035年，全面实现黄河干流Ⅰ～Ⅲ类水体比例达到90%以上，Ⅳ～劣Ⅴ类水体比例控制在10%以下；支流、湖泊湿地等重点区域水质全面达标；重点污染源排放全面达标；城镇生活污水处理率达到98%以上；农业面源污染基本消除；水生态系统功能得到全面恢复和优化。

黄河流域水环境保护与管理的原则是：坚持以习近平新时代中国特色社会主义思想为指导，贯彻落实习近平总书记关于黄河流域生态保护和高质量发展的重要讲话精神和党中央、国务院决策部署，坚持生态优先、绿色发展，坚持系统治理、综合施策，坚持问题导向、目标导向，坚持分类指导、因地制宜，坚持政府主导、社会参与，坚持科技支撑、创新驱动，坚持法治保障、监督问责，努力实现黄河流域水环境保护与经济社会发展的协调统一。

四、黄河流域水环境保护与管理的措施

一是加强污染源减排和治理。严格执行《中华人民共和国环境保护法》《中华人民共和国水污染防治法》等法律法规，制定和实施黄河流域各类污染物排放标准和总量控制方案，加大对重点行业、重点区域、重点企业的监管力度，推进工业结构调整和清洁生产，加快城镇生活污水处理设施建设和提标改造，推进农业绿色发展和循环利用，加强畜禽养殖污染防治和农村人居环境整治。

二是加强水质监测和评价。完善黄河流域水质监测网络和平台建设，增加监测频次和项目范围，提高监测数据的准确性和时效性，建立健全水质评价体系和机制，及时发

布水质状况报告和预警信息，加强对水质异常情况的分析和处置。

三是加强水生态修复和保护。优化黄河流域水资源配置方案，合理确定生态用水量和时空分配方式，保障黄河干流、支流、湖泊湿地等区域的基本生态需求，实现黄河常流不断、清洁不污、生态不衰。加强黄河流域水生态系统的监测、评估、修复和保护，恢复和提升水生物多样性和生态功能，保护好黄河流域的珍稀濒危物种。

四是加强科技创新和人才支撑。加大对黄河流域水环境保护与管理领域的科技投入，开展重大科技项目和专项计划，推动科技成果转化和应用，提高黄河流域水环境保护与管理的科技水平和能力。加强对黄河流域水环境保护与管理领域的人才培养、引进、激励和使用，建立健全人才梯队和队伍建设机制，打造一支高素质的专业化人才队伍。

五是加强法治保障和社会参与。完善黄河流域水环境保护与管理相关的法律法规、政策标准、制度规范等，建立健全跨区域、跨部门、跨层级的协调联动机制，强化责任落实和考核评价机制，严格执行监督问责机制，确保各项任务落地见效。广泛动员社会各界参与黄河流域水环境保护与管理工作，发挥企业、社会组织、媒体、公众等的积极作用，形成全社会共同参与、共同监督、共同享受的良好局面。

黄河流域地貌及地理区域划分

黄河流域，从西到东横跨青藏高原、内蒙古高原、黄土高原和黄淮海平原四个地貌单元。黄河，中国古代称大河，发源于中国青海省巴颜喀拉山脉，流经青海、四川、甘肃、宁夏、内蒙古、陕西、山西、河南、山东9个省区，最后于山东省东营市垦利县注入渤海。黄河全长5464公里，呈“几”字形结构，是中国的第二长河。

根据河道流经区的自然环境和水文情况，黄河分为上、中、下游。自河源至内蒙古托克托河口镇为上游，托克托河口镇至河南桃花峪花园口附近为中游，桃花峪至入海口为下游。

一、上游

黄河上游河长3472千米，流域面积占全黄河总量的51.3%。上游河段年来沙量仅占全河年来沙量的8%，水多沙少，是黄河的清水来源。根据上游河道特性的不同，可分为河源段、峡谷段和冲积平原段三部分。

河源段：从黄河源至青海龙羊峡。该河段曲折迂回，水质清澈、来水量大，也是黄河水的主要来源。该段地处青藏高原，地势高峻，气候寒冷干燥，植被稀疏，人口稀少。

峡谷段：从青海龙羊峡至宁夏青铜峡。该河段穿峡而过，河道比降大，水流湍急，龙羊峡、刘家峡等多个峡谷位于此段，该河段也是黄河流域重点的水电站基地。该段地处内蒙古高原和黄土高原之间的过渡带，地形复杂多变，气候温和多雨，植被丰富多样，人口较多。

冲积平原段：宁夏青铜峡至内蒙古托克托河口镇。该河段地势平缓，水流缓慢，是著名的引黄灌区，银川平原与河套平原位于此段。该段地处内蒙古高原东缘和黄土高原北缘的边缘区域，地形以平原和丘陵为主，气候干旱少雨，植被以草原和灌木为主，人口密度较高。

二、中游

黄河中游河长1206千米，流域面积占全黄河总量的45.7%，区间增加的水量占黄河水量的42%。中游河段年来沙量占全河年来沙量的92%，水少沙多，是黄河的泥沙来源。根据中游河道特性的不同，可分为黄土高原段和山区峡谷段两部分。

黄土高原段：从内蒙古托克托河口镇至陕西三门峡。该河段地处黄土高原，地势较高，水流较急，是黄河最长的冲刷段，也是黄河最大的泥沙来源。该段地形以黄土塬、台、梁、崖为主，气候干旱少雨，植被稀少，水土流失严重。该段也是黄河历史上多次发生决口和改道的地区，对下游造成了巨大的灾害。

山区峡谷段：从陕西三门峡至河南桃花峪花园口附近。该河段地处秦岭、太行山等山脉之间，地势陡峭，水流湍急，是黄河最狭窄的峡谷段。该段地形以山岭、崖壁、深谷为主，气候温和多雨，植被较为丰富，水土流失较轻。该段也是黄河流域重要的水利枢纽和旅游景点所在地，三门峡水利枢纽、龙门石窟、云台山等名胜古迹位于此段。

三、下游

黄河下游河长786千米，流域面积占全黄河总量的3%。下游河段年来水量占全河年来水量的50%，年来泥沙量占全河年来泥沙量的0.1%，水多沙少，是黄河的清水出口。根据下游河道特性的不同，可分为冲积平原段和三角洲段两部分。

冲积平原段：从桃花峪至山东省开封县。该河段地处黄淮海平原，地势平坦，水流缓慢，是黄河最长的冲积段，也是黄河最大的冲积平原。该段地形以平原、洼地、湖泊为主，气候温暖湿润，植被茂盛，土壤肥沃。该段也是黄河流域人口最多、经济最发达、文化最灿烂的地区，中原平原和鲁西南平原位于此段。

三角洲段：从山东省开封县至入海口。该河段地处渤海湾南岸，地势低洼，水流缓缓，是黄河最短的三角洲段。该段地形以三角洲、滩涂、海岸为主，气候温和多雨，植被以盐生植物为主，土壤以盐碱土为主。该段也是黄河流域重要的海洋资源和渔业资源所在地，黄河三角洲国家级自然保护区位于此段。

黄河流域生态系统类型及格局演变

黄河流域是中国重要的生态安全屏障和经济社会发展区域，也是中华文明的重要发祥地。黄河流域生态系统类型多样，包括草地、森林、农田、湿地、荒漠、城镇等，分布在青藏高原、内蒙古高原、黄土高原和黄淮海平原等不同的自然地理区域。黄河流域生态系统在历史上经历了多次的变化和演变，受到自然因素和人类活动的共同影响。近年来，随着气候变化和人口增长等因素的加剧，黄河流域生态系统面临着水资源短缺、生态环境退化、生物多样性下降等严峻挑战，也影响了流域经济社会的可持续发展。因此，评估黄河流域生态系统的变化状况，分析其影响因素和机制，提出保护修复策略和措施，是事关国家战略安全和中华民族伟大复兴的重要课题。

一、黄河流域生态系统类型及分布特征

利用遥感、地理信息系统等技术手段，对黄河流域不同时间段的生态系统类型进行分类和制图，分析其空间分布规律和特征。根据资料显示，黄河流域生态系统类型以草地、农田、森林等为主，占全流域面积的比例分别为48.35%、25.08%和13.46%，其中草地在中上游地区广泛分布；农田主要分布在上游的宁夏平原、河套平原，中游的汾渭平原和下游地区；森林主要分布在中上游的山区。

黄河流域生态系统变化及其驱动因素。利用多源数据和统计方法，对黄河流域不同时间段的生态系统类型进行对比分析，评估其变化幅度、速率和方向，揭示其时空变化规律和特点。同时，利用相关性分析、回归分析等方法，探讨影响黄河流域生态系统变化的自然因素和人为因素，并分析其相对贡献度和作用机制。根据资料显示，近20年来，黄河流域生态系统结构总体稳定，但部分类型变化明显，城镇显著扩张，森林、草地、湿地等有所增加，荒漠明显减少；生态系统质量整体改善，并以中游地区较为显著，但局部仍存在退化情况，尤其以下游地区较为显著。

二、影响黄河流域生态系统变化的因素

影响黄河流域生态系统变化的主要因素，包括自然因素和人类活动因素。

自然因素主要指气候变化，如降雨量、气温、蒸发量等。黄河上游流域的降雨量对整个黄河流域的生态影响较大，当降雨量较大时，黄河水位会上升，水流湍急，对下游的生态环境产生一定的影响。此外，气温和蒸发量的变化也会影响黄河流域的生态平衡。

人类活动因素主要包括过度开发、过度放牧、过度捕捞、工业污染等。在黄河流域，由于人类活动的影响，许多野生动物的生存环境遭到破坏，种群数量减少，生物多样性受到威胁。同时，人类活动还可能导致河流湖泊的水质恶化，水土流失加剧，土地荒漠化等问题。这些因素都会对黄河流域的生态系统产生负面影响。

此外，地形和土壤类型也会影响黄河流域的生态系统。黄河流域的地形起伏大，多沟壑，坡度大，泥土易随水流水。土壤类型主要是黄土，这种土壤松散、易侵蚀，使得黄河流域的水土流失问题较为严重。这些自然因素对黄河流域的生态系统产生一定的影响，但也为生态保护提供了基础条件。

综上所述，影响黄河流域生态系统变化的主要因素包括自然因素和人类活动因素。这些因素相互作用，共同影响着黄河流域的生态环境。在保护和治理黄河流域生态环境时，需要充分考虑这些因素，制定出科学合理的保护和治理方案。

三、黄河流域生态系统的格局演变

黄河流域生态系统的格局演变主要包括土地利用变化和景观格局变化两个方面。

土地利用变化方面，黄河流域在不同时间段内受到的不同因素影响，导致土地利用方式发生了较大的变化。早在20世纪50年代到70年代，黄河流域的耕地和林地比例较高，但由于人口增长和经济发展，大量的开垦和过度放牧导致土地利用方式发生变化，耕地和林地逐渐减少，草地和未利用土地逐渐增加。这种变化在黄河流域的上游和中游地区尤为明显。

景观格局变化方面，黄河流域的景观格局也随着土地利用方式的改变发生了变化。在20世纪80年代之前，黄河流域的景观格局主要以农业景观为主，点缀着一些自然景观和人工景观。但在20世纪80年代后，随着城市化和工业化的加速，黄河流域的景观格局开始发生变化，城市和工业区景观逐渐增加，农业景观逐渐减少，自然景观逐渐受到破坏。

这些变化对黄河流域的生态系统产生了较大的影响，使得生态系统的稳定性和健康性受到威胁。因此，在保护和治理黄河流域生态环境时，需要充分考虑土地利用方式和景观格局的变化，制定出科学合理的保护和治理方案，促进黄河流域生态系统的可持续

发展。

四、黄河流域的历史和文化意义

黄河流域是中华民族的发祥地和母亲河，也是中华文明的重要组成部分和中华民族的根和魂。黄河流域的历史和文化意义可以从以下几个方面来阐述：

黄河流域是中华民族形成的地域。在旧石器时代，黄河流域出现了多个人类化石遗址，证明了这里是人类活动的最早地区之一。在新石器时代，黄河流域形成了多个局域文化，如马家窑文化、齐家文化、仰韶文化、龙山文化等，这些文化是中华文明的起点。在夏商周三代，黄河流域先后兴起了夏、商、周三个王朝，建立了以农耕经济为基础的宗法制度、政治制度、社会制度等，奠定了中华民族的基本特征。在尧舜禹时代，黄河流域诞生了关于伏羲及炎黄二帝等华夏始祖的传说，并流传至今，缔造成炎黄子孙内心深处根深蒂固的根亲观念。

黄河流域是中华文明的主体和源头。从中国文明诞生伊始到唐宋时期，黄河流域一直是中国政治、经济、军事、科技、思想、文化中心和重心。这里诞生了璀璨绚丽的物质文明和精神文明，构成了中华文明的主要组成部分，并且长期领先于世界科技文化发展水平。这里创造了象征着古代先进物质文明的农业生产技术、天文历法、数理算术、传统医药、灌溉工程、四大发明等，并向全国、全球扩散；创造了以农耕经济为基础的宗法制度、政治制度、社会制度及治理理念、历史习俗等，并影响后世；创造了中国历史上的炎黄始祖传说、诸子百家思想、旷世史学、文学巨作、宗教信仰、伦理观念等，并成为中华文明的精髓。

黄河流域是中华民族的精神支柱和凝聚力量。在近现代中国共产党领导人民进行革命、建设和改革发展时期，黄河流域的陕甘宁边区是中国抵御侵略和解放战争的战略决策中心，在中国近现代发展历程中影响深远。黄河流域以其博大深厚的文化内涵深刻影响着中国近现代的革命事业，同时创造性地吸收马克思主义思想，在实践中发展出了红色文化、爱国主义及生态文明。

黄河流域生态环境特点

黄河发源于青海省巴颜喀拉山北麓，流入渤海，其支流多分布于南方，为中国的母亲河。然而近些年来，黄河源区的生态环境发生了显著变化，主要表现为冰川退缩、冻土退化、湿地干化、湖泊萎缩等。同时，人类活动的干扰导致植被破坏和天然草原不同程度退化，生态防护功能持续下降。这些特点在保护和管理黄河生态环境时都需要考虑，以实现可持续的发展。具体来说，黄河的生态环境特点可以从以下几个方面进行分析：

一、黄河流域地貌类型多样

黄河中上游流经中国黄土高原，这里沟壑纵横，支离破碎。黄土高原是中国水土流失最严重的地区，每年向黄河输送的泥沙量惊人，约16亿吨。这使得黄河在此段流经的区域表现出独特的黄色。而到了下游，黄河冲积成了华北平原，这也是中国第二大平原。这种地貌的多样性使得黄河生态环境具有显著的差异。

黄河流域的地貌类型非常多样，包括山地、丘陵、高原、平原等地形。这种多样性使得黄河流域具有独特的自然景观和生态环境，同时也为各种生物提供了不同的生存环境。

在黄河流域的上中游地区，主要地形是山地和丘陵。这些地区的地貌特征是陡峭、崎岖，海拔差异大，气候条件也相对较为复杂。这种地形为野生动物提供了栖息和避难的场所，同时也为人类提供了丰富的自然资源，如森林、矿产等。

在黄河流域的下游地区，主要地形是平原和低洼地带。这些地区的地貌特征是比较平坦、开阔，海拔较低，气候条件相对较为温和。这种地形为农业生产提供了优越的条件，同时也为人类提供了丰富的水资源。总之，黄河流域地貌类型的多样性是该地区生态环境丰富多彩的重要原因之一，也为人类提供了各种不同的自然资源和发展机会。

二、黄河流域的生物多样性

虽然黄河流域的地理条件相对艰苦，但由于其地处青藏高原和东部平原的过渡带，使得这里汇集了丰富的生物资源。有稀有的野生动物，如熊猫、金丝猴、白唇鹿等，也有大量的鸟类和鱼类。对于保护中国的生物多样性，黄河具有重要的作用。

在野生动物方面，黄河流域是许多珍稀、濒危野生动物的栖息地。例如，大熊猫、金丝猴、黑麝、白唇鹿等国家重点保护动物都在黄河流域内生活。此外，黄河流域还有大量的鸟类和鱼类，其中有许多是珍稀或受威胁的物种。

在植物方面，黄河流域是许多植物的分布区和生活区。这里拥有丰富的植物资源，包括野生植物和人工种植的植物。其中，大熊猫的主要食物——竹子，就在黄河流域内广泛分布。

在微生物方面，黄河流域也存在大量的微生物，包括细菌、真菌、病毒等。这些微生物在生态系统中发挥着重要的作用，如分解物质、合成新的物质等。

然而，由于人类活动和自然因素的影响，黄河流域的生物多样性受到了较大的威胁。过度开发、环境污染、生态破坏等问题导致许多物种的数量减少，甚至灭绝。因此，保护黄河流域的生物多样性成为了该地区生态环境保护的重要任务之一。

此外，黄河领域的水资源相对短缺。虽然黄河的流域面积相对较大，但由于中国整体降水分布不均，黄河流域的降水量较少。这使得黄河在流经此段时，水量会有明显的下降。因此，对于黄河流域的生态环境保护，水资源的管理成为关键的问题。

三、人类活动对黄河流域生态环境的影响

作为中国的母亲河，黄河流域的人类活动历史悠久，且影响深远。过度开发和无序的人类活动对黄河流域的生态环境造成了严重的影响。例如，过度放牧、过度开垦、非法捕捞等行为都使得黄河生态环境的稳定性受到威胁。

如今，在气候变化和人类活动的影响下，黄河流域面临着水资源供需矛盾尖锐、生态环境脆弱、水沙关系复杂、自然灾害频发、人地系统不协调等一系列问题，区域可持续发展面临严峻挑战。本节将从黄河流域的上游、中游和下游三个区段，分析人类活动对其生态环境的影响，并提出相应的保护和治理建议。

1. 上游区段

黄河源区位于青藏高原东北部，以草原、湖泊、沼泽地貌为主，是黄河径流主要来源区和水源涵养区，区间产水量超过黄河径流量的1/3，直接影响黄河水资源变化趋势。宁蒙灌区农业发展历史悠久，形成了稳定的绿洲生态系统，是“北方防沙带”的重要组成部分，遏制着乌兰布和、库布齐、腾格里沙漠扩张，有效减少了区域风沙对东部和京津冀地区的侵袭，拱卫着西北、华北地区的生态安全。

然而，随着黄河源区社会经济的不断发展、人类活动导致黄河源区湖泊湿地逐渐萎缩，植被覆盖度逐渐减少，冰川冻土逐渐退化，进而导致源区水源涵养能力逐渐下降。同时，由于过度放牧、开垦耕地等人为干扰，导致草原退化、土壤侵蚀加剧，破坏了草原生态系统的平衡。此外，由于水利工程建设和水资源开发利用等因素，导致上游径流量减少、泥沙输移能力降低、水质恶化等问题。

针对上游区段的生态环境问题，应该采取以下措施：

（1）加强对黄河源区湖泊湿地、草原草甸等重要生态功能区的保护和恢复，控制人类活动对其干扰和破坏，提高其水源涵养能力和生物多样性。

（2）合理规划和管理水利工程建设和水资源开发利用，优化水资源配置方案，保障上游生态用水需求和下游防洪安全需求。

（3）实施草原畜牧业可持续发展战略，控制牲畜数量和放牧强度，改善草原生态环境，

提高草原生产力和抗逆性。

(4)加强对上游区域的气候变化、水文变化、生态变化等的监测和研究，提高对黄河流域水循环机制和生态系统功能的认识，为科学制定生态保护和治理政策提供依据。

2. 中游区段

黄河中游主要包括黄土高原地区，是黄河流域的主要产流区和输沙区，也是我国重要的粮食基地和能源基地。黄土高原生态直接影响黄河下游防洪安全。黄河难治、根在泥沙。黄河流域的水土流失主要集中在黄土高原地区，该区域面积64万平方公里。据1990年遥感调查资料，水土流失面积达45.4万平方公里，每年每平方公里水土流失超过15000吨的剧烈侵蚀面积占全国同类面积的89%。严重的水土流失不仅造成了当地生态环境恶化，而且是导致黄河下游河床淤积的根源。保护黄土高原生态环境，对于破解黄河水沙关系不协调的治理症结、保障黄河长治久安至关重要。

然而，由于人口增长、经济发展、城镇化进程等因素，中游区域的人类活动日益频繁和强烈，导致了一系列生态环境问题。例如，由于过度开垦、滥用化肥农药等原因，导致农业生产中的非点源污染加剧，影响了水质和土壤质量。由于大规模开采煤炭、石油等资源，导致地表塌陷、地下水位下降、地质灾害增多等问题。由于大量修建水库、堰塞湖等水利工程，导致中游径流量减少、泥沙截留增加、生物栖息地改变等问题。

针对中游区段的生态环境问题，应该采取以下措施：

(1)加大对黄土高原丘陵沟壑区等重点水土保持区域的治理力度，实施退耕还林还草工程，恢复植被覆盖，减少径流侵蚀和泥沙输移。

(2)推进农业绿色发展，实施节水灌溉工程，推广有机肥料和低毒农药的使用，减少农业用水量和农业污染物排放。

(3)规范资源开发利用，实施资源节约型和环境友好型战略，加强对资源开发过程中产生的废弃物和废水的处理和处置，防止对周围环境造成污染和破坏。

(4)合理布局和管理水利工程建设和运行，优化水库群调度方案，保障中游生态用水需求和下游防洪安全需求。

3. 下游区段

黄河下游主要包括华北平原和黄河三角洲地区，是黄河流域的主要承水区和承沙区，也是我国重要的经济发展区和人口密集区。华北平原是我国最大的平原，也是我国重要的粮食基地和工业基地。黄河三角洲是我国最大的三角洲，也是我国重要的港口城市和石油化工基地。下游区域生态环境直接影响着黄河入海水量、水质和水生态。

然而，由于人口增长、经济发展、城镇化进程等因素，下游区域的人类活动日益频繁和强烈，导致了一系列生态环境问题。例如，由于过度开采地下水、过度利用地表水等原因，导致地下水位下降、地面沉降、土壤盐碱化等问题。由于工业污染、农业面源污染、城市生活污染等原因，导致水质恶化、富营养化、重金属污染等问题。由于大量围垦滩涂、破坏湿地植被等原因，导致湿地面积减少、生物多样性降低、海岸线退缩等问题。

针对下游区段的生态环境问题，应该采取以下措施：

（1）加强对华北平原和黄河三角洲湿地的保护和恢复，控制围垦开发活动，恢复滩涂潮间带功能，提高湿地生态服务价值。

（2）推进农业绿色发展，实施节水灌溉工程，推广有机肥料和低毒农药的使用，减少农业用水量和农业污染物排放。

（3）规范资源开发利用，实施资源节约型和环境友好型战略，加强对资源开发过程中产生的废弃物和废水的处理和处置，防止对周围环境造成污染和破坏。

（4）合理布局和管理水利工程建设和运行，优化水库群调度方案，保障下游生态用水需求和入海水量需求。

四、如何保护和治理黄河生态环境

在保护和治理黄河生态环境方面，需要从以下几个方面进行考虑：

加强水资源管理：对于黄河这样一条在水资源上具有战略意义的大河，水的利用和分配是关键。应通过合理的规划和管理，确保黄河的水资源得到有效的保护和利用，以支持生态环境的恢复和社会的可持续发展。

推动生态补偿机制：对于那些为了保护黄河生态环境而做出牺牲的地区，可以通过生态补偿机制来给予一定的经济补偿，以鼓励更多地区参与到黄河的生态环境保护中来。

加强环境教育：通过环境教育，提高公众对黄河生态环境保护的认识，引导公众积极参与保护工作。这不仅有助于改善黄河的生态环境，同时也能提升公众的环保意识。

推动科学研究：科学研究是保护和治理黄河生态环境的基础。应通过深入的科研工作，了解黄河流域的生态环境特点，找出存在的问题，制定出有效的解决方案。总的来说，黄河流域的生态环境特点是复杂而多样的，需要我们从多个角度去理解和保护。这是一项长期且复杂的工作，需要我们全社会的共同努力。

第二章　黄河流域水资源现状与问题

黄河流域水资源概况

黄河发源于青海高原巴颜喀拉山北麓海拔4500米地约古宗列盆地，流经青海、四川、甘肃、宁夏、内蒙古、陕西、山西、河南、山东九省（区），注入渤海，干流河全长5464公里，流域面积75.24万平方公里。黄河是西北、华北地区重要水源，天然年径流量580亿立方米，其中花园口断面559亿立方米，兰州断面323亿立方米。兰州以上和龙门到三门峡区间所产径流量占全河的75%。

黄河流域位于干旱半干旱地区，雨量相对稀少，多年平均降水量为478毫米，由于气候影响，年降水量在时间分配上变化很大，六至十月份降水量占全年降水量的65%—80%，七、八月份为降水的全盛期。黄河径流量60%集中在汛期七、八、九三个月。为减缓黄河下游河道的泥沙淤积，每年还需要200—240亿立方米水量输沙入海，这样，黄河可利用的水量只有340—380亿立方米。黄河水资源有三大特点：

1. 水少沙多：黄河作为世界第一高含沙河流，每年平均输沙量为16亿吨，平均含沙量35公斤每立方米，最大年输沙量39.1亿吨，最高含沙量920公斤每立方米，七—九三个月集中了80%的沙量。

2. 时空分布不均匀：黄河即径流地区分布不均，径流年内年季变化大。黄河径流量多集中在每年七—十月份，占全年的60%以上。冬、春季降水和河川径流量相对较小，三—六月份仅占10%—20%，上中游宁蒙平原消耗量大，中下游加水量很少，所以流入下游的水量难以满足冬、春引水的需要。

3. 水沙异源：黄河水沙来源地区不同，黄河水量主要来自上游，兰州以上控制面积占花园口以上的30%，水量占58%，沙量仅占9%，是黄河的主要清水来源区。黄河的沙量90%以上来自中游，需要上游的清水输送入海。所以上游水资源的利用需要兼顾中下游供水及输沙的需要。

一、水少沙多

黄河流域幅员辽阔，西部属青藏高原，北邻沙漠戈壁，南靠长江流域，东部穿越黄淮海平原。全流域多年平均降水量466mm，总的趋势是由东南向西北递减，降水最多的是流域东南部湿润、半湿润地区，如秦岭、伏牛山及泰山一带年降水量达800mm～1000mm；降水量最少的是流域北部的干旱地区，如宁蒙河套平原年降水量只有200mm左右。流域内大部分地区旱灾频繁，历史上曾经多次发生遍及数省、连续多年的严重旱灾，危害极大。流域内黄土高原地区水土流失面积43.4万平方公里，其中年平均侵蚀模数大于5000t/平方公里的面积约15.6万平方公里。流域北部长城内外的风沙区风蚀强烈。严重的水土流失和风沙危害，使脆弱的生态环境继续恶化，阻碍当地社会和经济的发展，而且大量泥沙输入黄河，淤高下游河床，也是黄河下游水患严重而又难于治理的症结所在。

黄河的突出特点是“水少沙多”，全河多年平均天然径流量580亿m^3，仅占全国河川径流总量的2%，居我国七大江河的第四位，小于长江、珠江、松花江。流域内人均水量593m^3，为全国人均水量的25%；耕地亩均水量324.m^3，仅为全国耕地亩均水量的17%。再加上邻近地区的供水需求，水资源更为紧张。黄河三门峡站多年平均输沙量约16亿t，平均含沙量35kg/m^3，在大江大河中名列第一。最大年输沙量达39.1亿t（1933年），最高含沙量920kg/m^3（1977年）。黄河水、沙的来源地区不同，水量主要来自兰州以上、秦岭北麓及洛河、沁河地区，泥沙主要来自河口镇至龙门区间、泾河、北洛河及渭河上游地区。

时空分布不均匀

内蒙古托克托县河口镇以上为黄河上游，汇入的较大支流（流域面积1000平方公里以上）有43条。青海省玛多以上属河源段，河段内的扎陵湖、鄂陵湖，海拔高程都在4260m以上，蓄水量47亿m^3和108亿m^3，是我国最大的高原淡水湖。玛多至玛曲区间，黄河流经巴颜喀拉山与积石山之间的古盆地和低山丘陵，大部分河段河谷宽阔，间有几段峡谷。玛曲至龙羊峡区间，黄河流经高山峡谷，水流湍急，水力资源较为丰富。龙羊峡至宁夏境内的下河沿，川峡相间，水量丰沛，落差集中，是黄河水力资源的“富矿”区，也是全国重点开发建设的水电基地之一。黄河上游水面落差主要集中在玛多至下河沿河段，该河段干流长占全河的40.5%，而水面落差占全河66.6%。龙羊峡以上属高寒地区，人烟稀少，交通不便，经济不发达，开发条件较差。下河沿至河口镇，黄河流经宁蒙平原，河道展宽，比降平缓，两岸分布着大面积的引黄灌区和待开发的干旱高地。本河段流经干旱地区，降水少，蒸发大，加上灌溉引水和河道渗漏损失，致使黄河水量沿程减少。

兰州至河口镇区间的河谷盆地及河套平原，是甘肃、宁夏、内蒙古等省（区）经济开发的重点地区。沿河平原不同程度地存在洪水和凌汛灾害，特别是内蒙古三盛公以下河段，地处黄河自南向北流的顶端，凌汛期间冰塞、冰坝壅水，往往造成堤防决溢，危害较大。兰州以上地区暴雨强度较小，洪水洪峰流量不大，历时较长。兰州至河口镇河段洪峰流量沿程减小。黄河上游的大洪水与中游大洪水不遭遇，对黄河下游威胁不大。

河口镇至河南郑州桃花峪为黄河中游，是黄河洪水和泥沙的主要来源区，汇入的较大支流有30条。河口镇至禹门口是黄河干流上最长的一段连续峡谷，水力资源也很丰富，并且距电力负荷中心近，将成为黄河上第二个水电基地。峡谷下段有著名的壶口瀑布，深槽宽仅30m～50m，枯水水面落差约18m，气势宏伟壮观。河段内支流绝大部分流经水土流失严重的黄土丘陵沟壑区，是黄河泥沙特别是粗泥沙的主要来源。禹门口至三门峡区间，黄河流经汾渭地堑，河谷展宽，其中禹门口至潼关（简称小北干流），河长132.5km，河道宽浅散乱，冲淤变化剧烈。河段内有汾河、渭河两大支流相继汇入。潼关附近受山岭约束，河谷骤然缩窄，形成天然卡口，宽仅1000余米，起着局部侵蚀基准面的作用，潼关河床的高低与黄河小北干流、渭河下游河道的冲淤变化有密切关系。该河段两岸的渭北及晋南黄土台塬，塬面高出河床数十至数百米，共有耕地2000多万亩，是陕、晋两省的重要农业区，但干旱缺水制约着经济的稳定发展。三门峡至桃花峪区间，在小浪底以上，河道穿行于中条山和崤山之间，是黄河的最后一段峡谷；小浪底以下河谷逐渐展宽，是黄河由山区进入平原的过渡地段。

黄河中游地区暴雨频繁、强度大、历时短，形成的洪水具有洪峰高、历时短、陡涨陡落的特点。中游洪水有三个来源区，一是河口镇至龙门区间，二是龙门至三门峡区间，三是三门峡至花园口区间。不同来源区的洪水以不同的组合形式形成花园口站的大洪水和特大洪水。以三门峡以上的河龙区间和龙三区间来水为主形成的大洪水（简称“上大型”洪水），洪峰高、洪量大、含沙量大，历来是黄河下游的主要成灾洪水；以三门峡至花园口区间来水为主形成的大洪水（简称“下大型”洪水），涨势猛、洪峰高、含沙量小、预见期短。在三门峡水库建成后，“下大型”洪水，对下游防洪威胁最为严重。根据历史及实测资料分析，“上大型”与“下大型”洪水不相遭遇。

三、水沙异源

黄河中游的黄土高原，水土流失极为严重，是黄河泥沙的主要来源地区。在全河16亿t泥沙中，有9亿t左右来自河口镇至龙门区间，占全河来沙量的56%；有5.5亿t来自龙门至三门峡区间，占全河来沙量34%。黄河中游的泥沙，年内分配十分集中，80%以上的泥沙集中在汛期；年际变化悬殊，最大年输沙量为最小年输沙量的13倍。

黄河干流自桃花峪以下为黄河下游。下游河道是在长期排洪输沙的过程中淤积塑造形成的，河床普遍高出两岸地面。沿黄平原受黄河频繁泛滥的影响，形成以黄河为分水岭脊的特殊地形。目前黄河下游河床已高出大堤背河地面3m～5m，比两岸平原高出更多，严重威胁着广大平原地区的安全。从桃花峪至河口，除南岸东平湖至济南区间为低山丘陵外，其余全靠堤防挡水，堤防总长1400余km。

黄河下游河床高于两岸地面，汇入支流很少。平原坡水支流只有天然文岩渠和金堤河两条，地势低洼，入黄不畅；山丘区支流较大的只有汶河，流经东平湖汇入黄河。黄河下游洪水和沙量沿程减小，河道堤距及河槽形态具有上宽下窄的特点。桃花峪至高村河段，河长206.5km，堤距宽5.km～10 km，最宽处有20 km，河槽一般宽3.km～5.km，是冲淤变化剧烈、水流宽、浅、散、乱的游荡性河段。本河段防洪保护面积广大，河势又变化不定，历史上重大改道都发生在本河段，是黄河下游防洪的重要河段。

高村至艾山河段，堤距1.5.km～8.0 km，河槽宽0.5.km～1.6.km，是过渡性河段。东平湖以下的艾山至利津河段，堤距1 km～3.km，河槽宽0.4.km～1.2.km，属河势比较规顺稳定的弯曲性河段。该河段由于河槽窄、比降平缓，河道排洪能力较小，防洪任务也很艰巨。同时，冬季凌汛期冰坝堵塞，易于造成堤防决溢灾害，威胁也很严重。

利津以下为黄河河口段，随着黄河入海口的淤积—延伸—摆动，入海流路相应改道变迁。目前黄河河口入海流路，是1976年人工改道后经清水沟淤积塑造的新河道，位于渤海湾与莱州湾交汇处，是一个弱潮陆相河口。近40年间，黄河年平均输送到河口地区的泥沙约10亿t，随着河口的淤积延伸，年平均净造陆面积25平方公里～30平方公里。

水资源利用的问题

水资源利用的问题是全球性和国内性的挑战。在全球范围内，随着人口的增长和经济的发展，水资源需求不断增加，而水资源的供应却越来越有限。此外，水资源的不合理利用和污染也导致了水资源的浪费和短缺，加剧了水资源紧张的局面。

在国内范围内，水资源利用的问题也面临着诸多挑战。首先，水资源分配不均是一个重要的问题。一些地区的水资源丰富，而一些地区则严重缺水。其次，水资源的污染也是一个重要的问题。工业排放、农业污染等都会对水资源造成污染，影响水资源的可利用性。

此外，水资源的浪费也是一个问题。一些地区的水资源利用率低，浪费严重，需要采取措施提高水资源的利用效率。因此，水资源利用的问题需要全球性和国内性的共同努力，采取有效的措施解决。这包括加强水资源管理、推广节水技术、加强水污染治理、推行水权制度等措施，以保障水资源的可持续利用和保护。

一、黄河水资源利用的问题

黄河作为中国第二大河流，拥有丰富的水资源。然而，随着经济的发展和人口的增长，黄河水资源的利用问题也日益突出。其中，过度开采、浪费和污染等问题是主要的问题。

1. 过度开采

由于黄河流域气候变化和人类活动的影响，黄河水资源逐渐减少。为了满足工农业和生活用水需求，黄河流域许多地区过度开采地下水，导致地下水位下降，水资源枯竭。据统计，黄河流域每年因过度开采地下水而损失的水量达到30亿立方米以上。

2. 浪费

虽然黄河流域拥有丰富的水资源，但在一些地区，浪费现象依然严重。例如，在农村地区，由于缺乏有效的节水措施，灌溉用水利用率低，浪费现象严重。在城市地区，由于管道老化、漏损等原因，自来水浪费现象也十分普遍。

3. 污染

随着黄河流域经济的发展，大量的工业废水和生活污水被排放到黄河中，导致黄河水质恶化。据统计，黄河流域每年排放的废水达到20亿吨以上，其中大部分未经处理直接排放。这些废水和污水不仅对黄河生态系统造成严重破坏，也对人类健康和生命安全造成威胁。

二、黄河流域水资源利用的现状

水资源短缺：黄河流域的水资源总量相对较少，且分布不均，使得一些地区的水资源供应不足。

水资源浪费：一些地区的水资源利用效率较低，存在严重的浪费现象，例如农业灌溉中的漫灌方式等。

水污染严重：工业排放、生活污水等都会对黄河流域的水资源造成污染，导致水质下降，影响水资源的可利用性。

生态环境破坏：一些地区的水资源利用不当，导致了生态环境的破坏，例如过度开采地下水导致地面塌陷等。

为了解决黄河流域水资源利用存在的问题，需要采取一系列措施，例如加强水资源管理、推广节水技术、加强水污染治理、保护生态环境等。同时，也需要探索创新的水资源利用模式，例如生态补偿机制等，以实现水资源的可持续利用和保护。

三、水资源利用的影响因素

黄河水资源利用的影响因素有很多，以下是一些主要的因素：

气候因素：黄河流域的气候变化会影响水资源的数量和分布。例如，降雨量减少、气温升高会导致流域内水资源减少，反之则会导致水资源增加。

地理位置：黄河流域跨越了我国北方多个省份，不同地区的地理位置会对水资源的利用产生影响。例如，处于流域上游的省份需要保护水资源，而处于下游的省份则需要更多的水资源供应。

经济因素：经济发展需要大量的水资源，工业、农业等不同领域的用水需求也会对水资源的利用产生影响。

人口因素：人口数量的增加需要更多的水资源供应，而人口分布也会对水资源的利用产生影响。

生态环境因素：生态环境的变化会影响水资源的数量和分布。例如，生态保护措施可以增加地下水资源，而环境破坏则会导致水资源的减少和污染。

综上所述，黄河水资源利用的影响因素是多方面的，需要综合考虑各种因素，采取有效的措施来保护和利用好水资源，实现水资源的可持续利用和保护。

四、未来黄河水资源利用的趋势和挑战

水资源利用效率：未来黄河水资源利用的效率需要进一步提高，通过推广节水技术、改善用水结构等措施，实现水资源的高效利用。

水污染治理：随着工业化和城市化的加快，黄河水资源的污染风险会增加，需要加强水污染治理，提高水质水平。

生态环境保护：黄河水资源的利用需要与生态环境保护相结合，保护好生态环境，实现水资源的可持续利用和保护。

跨区域协调：黄河水资源跨越了多个省份，需要加强跨区域协调，合理分配水资源，实现水资源的共同利用和保护。

综上所述，未来黄河水资源利用的趋势和挑战需要综合考虑各种因素，采取有效的措施实现水资源的可持续利用和保护，促进经济社会的可持续发展。

五、解决黄河水资源利用问题的措施

为了解决黄河水资源利用问题，需要采取一系列措施，包括加强水资源管理、推广节水技术、加强污染防治等。

1. 加强水资源管理

加强水资源管理是解决黄河水资源利用问题的关键。首先，需要制定严格的水资源管理制度，对黄河流域的工农业和生活用水进行统一规划和管理。其次，需要建立水资源监测和检测系统，对黄河流域的水资源进行实时监测和检测，确保水资源的合理利用。最后，需要加强执法力度，对违法用水行为进行严厉打击，维护水资源的合法权益。

2. 推广节水技术

推广节水技术是解决黄河水资源利用问题的有效途径。首先，需要加强节水宣传和教育，提高公众的节水意识。其次，需要推广滴灌、喷灌等先进的灌溉技术，提高灌溉用水利用率。最后，需要推广节水型生活用水器具，减少生活用水的浪费。

3. 加强污染防治

加强污染防治是解决黄河水资源利用问题的重要措施。首先，需要加强工业废水和生活污水的处理和再利用，减少废水和污水排放。其次，需要加强环保宣传和教育，提高公众的环保意识。最后，需要加强环境监管力度，对违法排污行为进行严厉打击，维护生态环境的安全和稳定。

六、总结

黄河水资源利用问题是一个复杂的问题，需要采取多种措施来解决。加强水资源管理、推广节水技术和加强污染防治是解决黄河水资源利用问题的关键。同时，也需要加强政策引导、提高科技水平等措施，促进黄河流域水资源的可持续利用和生态环境的保护。

黄河流域水环境污染的现状和特点

由于自然条件和人类活动的影响，黄河流域水环境污染问题日益突出，不仅威胁了黄河流域人民的生产生活和健康安全，也影响了黄河流域的可持续发展和生态文明建设。因此，深入分析黄河流域水环境污染的特点，探讨其成因和影响，提出有效的防治对策措施，对于保护黄河流域水环境、实现黄河流域生态保护和高质量发展具有重要的理论和实践意义。

一、黄河流域水环境污染的现状

水环境污染是指水体中含有对人类或其他生物有害或有潜在危害的物质或能量，导致水体失去或降低其原有功能或用途的现象。水环境污染可以从水质、水量和生态三个方面进行分析。

1. 水质方面

根据《2019年度黄河流域水质公报》，2019年度黄河干流断面水质总体呈现改善趋势，其中Ⅰ～Ⅲ类断面比例为71.4%，比上年度提高5.7个百分点；Ⅳ～Ⅴ类断面比例为28.6%，比上年度下降5.7个百分点；劣Ⅴ类断面比例为0%，比上年度下降0.7个百分点。然而，仍存在以下问题：

部分河段水质恶化。如青海省西宁市城东区至湟源县段、甘肃省兰州市城关区至永登县段、山西省运城市盐湖区至永济市段等。重金属和有机污染物超标。如镉、铅、六价铬、苯并芘等。地下水受到威胁。如地下水位下降、地下水质恶化、地下水污染扩散等。

2. 水量方面

根据《2019年度黄河流域水资源公报》，2019年度黄河干流入海量为406亿立方米，比常年多出32亿立方米；黄河干流平均径流量为583亿立方米，比常年多出41亿立方米；黄河干流平均径流深为73毫米，比常年多出5毫米。然而，仍存在以下问题：

水资源总量不足。黄河流域人均水资源量仅为国际公认的极度缺水标准的1/4，是中国平均水资源量的1/。

水资源分布不均。黄河流域上游占流域面积的51.2%，却贡献了流域径流量的92.5%；下游占流域面积的48.8%，却仅贡献了流域径流量的7.5%。

水资源开发利用过度。黄河流域水资源利用率达到了60%，高于国际公认的40%的警戒线，部分地区甚至超过了100%。

节水意识不强。黄河流域农业灌溉用水占总用水量的80%以上，但灌溉效率仅为0.4左右，远低于国际先进水平。

3. 生态方面

根据《2019年度黄河流域生态环境状况公报》，2019年度黄河流域生态环境总体保持稳定，但仍存在以下问题：

水土流失严重。黄河流域水土流失面积达到了46.2万平方公里，占流域总面积的58.1%，是全国平均水平的2.6倍。

荒漠化加剧。黄河流域荒漠化土地面积达到了30.7万平方公里，占流域总面积的38.7%，是全国平均水平的1.8倍。

湿地退化。黄河流域湿地面积为3.9万平方公里，比上世纪50年代减少了近一半，湿地退化率为44.6%。

生物多样性下降。黄河流域共有国家重点保护野生动物113种，其中濒危物种有14种；共有国家重点保护野生植物75种，其中濒危物种有11种。

黄河流域水环境污染问题十分突出，已经对黄河流域的经济社会发展和人民群众的生产生活造成了严重影响，亟需采取有效措施进行防治。

二、黄河流域水环境污染的成因

水环境污染是自然因素和人为因素共同作用的结果，其中人为因素是主要原因，自然因素是客观条件。

1. 自然因素

黄河流域自然条件复杂多变，气候干旱少雨，地形高差大，土壤易于侵蚀，含沙量高，这些都是造成水环境污染的重要自然因素。

气候干旱少雨。黄河流域年均降水量为406毫米，仅为全国平均降水量的一半左右；年均蒸发量为1200毫米，是年均降水量的3倍左右。这导致了黄河流域水资源短缺、径流量波动大、干枯断流现象频发等问题。

地形高差大。黄河源头海拔4500米以上，入海口海拔仅为0米，全长5464公里的河道中有3700多公里属于高海拔。

水资源开发利用过度。黄河流域水资源利用率达到了60%，高于国际公认的40%的警戒线，部分地区甚至超过了100%。

节水意识不强。黄河流域农业灌溉用水占总用水量的80%以上，但灌溉效率仅为0.4左右，远低于国际先进水平。

2. 生态方面

根据《2019年度黄河流域生态环境状况公报》，2019年度黄河流域生态环境总体保持稳定，但仍存在以下问题：

水土流失严重。黄河流域水土流失面积达到了46.2万平方公里，占流域总面积的58.1%，是全国平均水平的2.6倍。

荒漠化加剧。黄河流域荒漠化土地面积达到了30.7万平方公里，占流域总面积的38.7%，是全国平均水平的1.8倍。

湿地退化。黄河流域湿地面积为3.9万平方公里，比上世纪50年代减少了近一半，湿地退化率为44.6%。

生物多样性下降。黄河流域共有国家重点保护野生动物113种，其中濒危物种有14种；共有国家重点保护野生植物75种，其中濒危物种有11种。

黄河流域水环境污染问题十分突出，已经对黄河流域的经济社会发展和人民群众的生产生活造成了严重影响，亟需采取有效措施进行防治。

三、黄河流域水环境污染的成因

水环境污染是自然因素和人为因素共同作用的结果，其中人为因素是主要原因，自然因素是客观条件。

1. 自然因素

黄河流域自然条件复杂多变，气候干旱少雨，地形高差大，土壤易于侵蚀，含沙量高，这些都是造成水环境污染的重要自然因素。气候干旱少雨。黄河流域年均降水量为406毫米，仅为全国平均降水量的一半左右；年均蒸发量为1200毫米，是年均降水量的3倍左右。这导致了黄河流域水资源短缺、径流量波动大、干枯断流现象频发等问题。

地形高差大。黄河源头海拔4500米以上，入海口海拔仅为0米，全长5464公里的河道中有3700多公里处于高山峡谷地带，落差达5000多米。这使得黄河具有强烈的冲刷能力和搬运能力，每年向下游输送大量泥沙，造成河道淤积、河床抬高、河岸侵蚀等问题。

土壤易于侵蚀。黄河流域土壤类型多样，以黄土、砂砾土和风沙土为主，这些土壤结构松散，抗冲刷能力弱，容易被水流冲刷和风力吹损，形成水土流失和荒漠化等现象。

含沙量高。黄河流域年均输沙量为16亿吨，是世界上含沙量最高的河流之一。这使得黄河水质浑浊，水体透明度低，水生生物生存条件恶劣，水力发电效率降低，水利工程寿命缩短等。

2. 人为因素

黄河流域人口密度大，工农业生产活动强烈，城镇化进程加快，废水排放量增加，农业面源污染和工业点源污染严重，这些都是造成水环境污染的主要人为因素。

人口密度大。黄河流域人口约为1.1亿人，占全国人口的8.3%，但其水资源量仅占全国的5.8%，人均水资源量仅为全国平均水资源量的1/。这导致了黄河流域水资源供需矛盾加剧，用水竞争加剧，用水结构不合理等问题。

工农业生产活动强烈。黄河流域是中国重要的粮食、能源、工业和生态基地，2019年度黄河流域地区生产总值达到了13.7万亿元，占全国的14.4%。这些工农业生产活动不仅消耗了大量的水资源，也排放了大量的废水和废物，造成了水环境污染。

城镇化进程加快。黄河流域城镇化率达到了54.8%，比上年度提高1.2个百分点。

城镇化进程带来了经济社会发展的机遇和挑战，也给水环境保护带来了压力和难题。如城市生活污水、工业废水、垃圾渗滤液等未经处理或处理不达标就直接排入黄河或其支流，造成了水质恶化和富营养化等问题。

农业面源污染和工业点源污染严重。农业面源污染是指农田施肥、农药、畜禽养殖等活动产生的污染物通过径流、渗漏等方式进入水体的过程。工业点源污染是指工厂、矿山、电厂等固定位置的污染源向水体排放污染物的过程。这些污染物包括有机物、无机物、重金属、放射性物质等，对水体造成了化学污染和生物污染。

黄河流域水环境污染的成因是多方面的，其中人为因素是主要原因，自然因素是客观条件。要有效防治黄河流域水环境污染，必须从根本上改变不合理的经济发展模式和生活方式，建立和完善水环境保护的法律法规、规划建设、科技创新、监测评估、宣传教育等体系，形成水环境保护的长效机制。

四、黄河流域水环境污染的防治对策措施

水环境污染的防治是一项系统工程，需要从多个方面进行综合施策，协调好水环境保护和经济社会发展的关系，实现黄河流域生态保护和高质量发展的统一。具体而言，可以从以下几个方面提出防治对策措施。

1. 法律法规方面

法律法规是水环境保护的基础和保障，是规范和约束各方行为的重要手段。建议完善黄河流域水环境保护相关法律法规，加强执法监督，严惩违法行为。

完善黄河流域水环境保护相关法律法规。如制定《黄河流域水环境保护条例》，明确黄河流域水环境保护的目标、任务、责任、措施、制度等内容；修订《中华人民共和国水污染防治法》，增加黄河流域水环境保护的专章，规定黄河流域水污染防治的特殊要求和措施；制定《黄河流域生态补偿条例》，明确黄河流域生态补偿的原则、标准、方式、资金等内容。

加强执法监督。如建立健全黄河流域水环境保护执法协作机制，加强跨省区执法协调和信息共享；加大执法力度和频次，对违反水环境保护法律法规的行为进行及时查处和曝光；建立健全黄河流域水环境保护执法问责机制，对失职渎职的执法人员进行严肃处理。

严惩违法行为。如提高违反水环境保护法律法规的罚款额度，实行日罚制度，对屡教不改的违法者进行刑事处罚；建立健全黄河流域水环境保护信用体系，对违法者进行信用惩戒，限制其在金融、招投标、政府采购等领域的权利；鼓励公众参与水环境保护监督举报，对举报有功者给予奖励。

2. 规划建设方面

规划建设是水环境保护的指导和依据，是实现水环境保护目标和任务的重要途径。建议制定实施黄河流域生态保护和高质量发展规划纲要，统筹协调各地区各部门的工作，落实责任分工和考核机制。

制定实施黄河流域生态保护和高质量发展规划纲要。如根据黄河流域水环境保护的总体目标和任务，制定具体的行动计划和措施，明确各地区各部门的责任和任务，确定时间表和路线图；按照流域一体化的原则，统筹考虑黄河流域上中下游的差异和联系，协调好水资源配置、水环境治理、水生态修复等方面的工作；按照生态优先、绿色发展的理念，坚持走生产发展、生活富裕、生态良好的文明发展道路，推动黄河流域经济社会发展与水环境保护相协调、相促进。

统筹协调各地区各部门的工作。如建立健全黄河流域水环境保护领导小组，负责统筹协调黄河流域水环境保护工作的总体部署、重大决策、重点项目、重要事项等；建立健全黄河流域水环境保护协作机制，加强跨省区协作和信息交流，形成合力；建立健全黄河流域水环境保护专业机构，负责黄河流域水环境保护工作的具体实施、技术支持、咨询服务等。

落实责任分工和考核机制。如明确各地区各部门在黄河流域水环境保护工作中的职责和义务，制定具体的目标和指标，实行目标管理和责任追究；建立健全黄河流域水环境保护考核机制，定期对各地区各部门的工作进行考核评价，对成绩突出者给予奖励，对工作不力者给予处罚。

3. 科技创新方面

科技创新是水环境保护的动力和支撑，是提高水环境保护效率和效果的重要手段。建议加大科技创新投入，推广节水技术和设备，开发利用清洁能源，提高污水处理和资源化利用水平，探索生态补偿和生态产品价值实现机制。

加大科技创新投入。如增加黄河流域水环境保护科技研发经费，支持高校、科研院所、企业等开展相关领域的基础研究、应用研究和技术开发；建立健全黄河流域水环境保护科技创新平台，促进科技成果转化和推广应用；加强国际合作与交流，引进借鉴国外先进的理念、技术和经验。

推广节水技术和设备。如在农业灌溉领域推广滴灌、喷灌等节水灌溉技术和设备，在工业生产领域推广循环冷却、零排放等节水生产技术和设备，在城市生活领域推广节水器具、雨水收集等节水生活技术和设备；在全社会普及节水教育，提高公众的节水意识和行为，形成节水型社会。

开发利用清洁能源。如在黄河流域充分利用太阳能、风能、水能、生物质能等清洁能源，替代煤炭、石油等传统能源，减少温室气体和污染物的排放，降低对水环境的影响；在黄河流域建设一批清洁能源示范工程，如太阳能光伏发电、风力发电、生物质发电等，提高清洁能源的供应和利用率。

提高污水处理和资源化利用水平。如在黄河流域加强污水处理设施的建设和改造，提高污水处理能力和水质达标率，实现污水零排放或达标排放；在黄河流域推广污水资源化利用技术，如将污水经过深度处理后用于农业灌溉、工业循环、城市绿化等，实现污水减量化、无害化和价值化。

探索生态补偿和生态产品价值实现机制。如在黄河流域建立健全生态补偿制度，对于为保护水环境而减少或放弃开发利用的地区和单位给予适当的经济补偿；在黄河流域探索生态产品价值实现机制，如将水环境保护所带来的生态效益和社会效益转化为经济效益，通过市场化、法制化的方式分配给相关的主体。

4. 监测评估方面

监测评估是水环境保护的基础和依据，是指导和调整水环境保护工作的重要手段。建议完善黄河流域水环境监测评估体系，建立健全数据共享和信息发布机制，加强水文地质和水资源调查评价，深入开展水平衡分析。

完善黄河流域水环境监测评估体系。如建立健全黄河流域水环境监测网络，覆盖干流、支流、湖泊、湿地、地下水等各类水体，实现对各类污染物的定量监测；建立健全黄河流域水环境评估标准和方法，根据不同类型的水体和功能区划定不同的评价指标和等级，实现对各类污染物的定性评价。

建立健全数据共享和信息发布机制。如建立健全黄河流域水环境监测数据共享平台，实现各级各类监测数据的及时收集、整理、存储、共享；建立健全黄河流域水环境信息发布制度，定期向社会公布黄河流域水环境状况、问题、措施等信息，提高公众的知情权和参与度。

加强水文地质和水资源调查评价。如加强黄河流域水文地质的基础调查，深入了解黄河流域的水文地质特征、水循环规律、水资源分布、水资源潜力等；加强黄河流域水资源的综合评价，全面掌握黄河流域的水资源总量、水资源供需、水资源利用、水资源效益等。

深入开展水平衡分析。如深入开展黄河流域的水平衡分析，从水量和水质两个方面，分析黄河流域的水输入、水输出、水存量、水变化等，揭示黄河流域的水循环特征、水环境问题和影响因素，为制定合理的水环境保护措施提供科学依据。

五、总结

黄河流域水环境污染问题十分突出，已经对黄河流域的经济社会发展和人民群众的生产生活造成了严重影响，亟需采取有效措施进行防治。黄河流域水环境污染的成因是多方面的，其中人为因素是主要原因，自然因素是客观条件。要有效防治黄河流域水环境污染，必须从根本上改变不合理的经济发展模式和生活方式，建立和完善水环境保护的法律法规、规划建设、科技创新、监测评估、宣传教育等体系，形成水环境保护的长效机制。

水污染问题面临的挑战

黄河作为中国的母亲河，其水质状况直接关系到中国广大地区的经济和社会发展。然而，随着经济的发展和人口的增长，黄河水污染问题日益严重，面临着多方面的挑战。本节将探讨黄河水污染问题面临的挑战，并提出相应的解决措施。

一、黄河水污染问题概述

黄河水污染问题是一个复杂的问题，其原因是多方面的，包括工业污染、生活污染、农业污染等。工业排放和城市污水处理不充分是黄河水污染的主要原因之一。大量的废水和污水未经处理直接排放到黄河中，导致黄河水质恶化。此外，农业化肥和农药的使用也是黄河水污染的重要原因之一。大量的营养物质和有毒物质被排放到黄河中，对水质造成了严重的影响。

1. 水土流失严重导致黄河水量减少

随着城市化进程的不断加快和农村工业化发展，大量的水源被占用和污染，导致黄河流域的水资源遭受巨大压力。同时，长期以来的过度开发和砍伐森林等行为也使得黄河上游的生态环境遭到了破坏。这些不良行为的结果是，黄河上游水土流失加剧，河道内部淤泥越积越高，这就使得黄河的水量逐渐减少。

2. 水电站建设对黄河河道造成破坏

为了满足能源需求，中国在黄河流域建设了大量的水电站。虽然这些水电站已经成为中国国家电网的重要组成部分，但是它们的建设也对黄河河道造成了严重的破坏。首先，水电站堵塞了黄河上游的河道，减少了水量，导致下游出现了干涸的情况。其次，水电站的建设也对当地生态环境产生了负面影响。因此，对于黄河流域的水力资源开发应该采取合理规划和科学管理，以确保黄河河道的生态平衡。

3. 黄河泥沙入海量减少对沿海地区产生直接影响

黄河泥沙的流失，不仅会使得黄河流域本身的生态环境遭到破坏，同时还会对沿海地区产生重要的直接影响。黄河泥沙主要由腐殖质和无机物质组成。腐殖质对生态环境起到非常重要的作用，可以帮助植物吸收养分，繁衍生息。同时，泥沙中的无机物质也可以帮助海底生态系统形成，为海洋生物提供生存空间和养分。因此，如果黄河泥沙入海量减少，会对当地的渔业和海洋生态环境造成严重的影响。

4. “黄河变悬河”对中国经济产生潜在威胁

黄河流域是中国经济最为发达的地区之一，黄河上下游覆盖了大量的农村和城市。然而，由于黄河变悬河的现象日益严重，这些地区受到洪水和干旱等自然灾害的威胁越来越大。这对当地的生产和居民的生活都带来了很大的影响，同时也会对中国的经济稳定产生潜在威胁。例如，在黄河流域的农业和工业生产中，水资源起着至关重要的作用。然而，由于黄河水资源短缺的情况越来越严重，这就可能会导致当地农业和工业生产受到限制甚至停滞。

二、黄河水污染问题面临的挑战

1. 经济发展和城市化

随着经济的发展和城市化进程的加速，黄河沿岸的城市和工业园区数量不断增加。这些城市和工业园区的发展带来了大量的工业废水和城市污水，给黄河水污染治理带来了巨大的挑战。

(1)缺乏有效的污水处理设施

目前，黄河沿岸的污水处理设施还不够完善，处理能力不足。大量的废水和污水未经处理直接排放到黄河中，导致黄河水质恶化。

(2)缺乏有效的环境监管机制

目前，黄河沿岸的环境监管机制还不够完善，存在一些监管不到位的问题。一些企业和个人为了追求经济利益，违法排放废水和污水，给黄河水污染治理带来了巨大的挑战。

(3)公众环保意识不足

公众的环保意识对黄河水污染治理至关重要。然而，目前一些公众的环保意识还不够强，存在一些浪费水和不注意环境保护的问题。

三、黄河流域地下水资源环境现状

黄河发源于青海省巴颜喀拉山脉，于山东省东营市垦利区注入渤海，流经青海、四川、甘肃、宁夏、内蒙古、陕西、山西、河南、山东9个省（区），流域总面积79.5万 km^2，其上中游分界是内蒙古自治区托克托县河口镇，中下游分界是河南省洛阳市孟津县。黄河横贯我国的西、中、东三大战略区域，上、中、下游自然条件差距显著，水资源分布极不均衡：上游水资源丰富，中游地下水超采现象严重，下游生态流量不足、湿地受损。

黄河流域地下水主要有松散岩类孔隙水、碎屑岩类裂隙孔隙水、碳酸盐岩类裂隙岩溶水、岩浆岩和变质岩类裂隙水、多年冻结层水等类型。其中，松散岩类孔隙水广泛分布在干流和支流的河谷平原以及山间盆地和黄土高原地区；碎屑岩类裂隙孔隙水主要分布在中、上游的中、新生代构造盆地内；碳酸盐岩类裂隙岩溶水主要分布在吕梁山、太行山、中条山等地区；岩浆岩和变质岩类裂隙水广泛分布于丘陵山区。

黄河流域承担着全国13%的粮食产量区域、15%的耕地面积、50多座大中城市的供水任务，水资源开发利用率接近80%。流域内拥有我国一半的煤炭基地和七成的煤电基地，是我国重要的人口、工农业集中地。黄河流域地下水开发历史长，但受大气环流和季风环流的影响，流域降水分布不均，多数地区年降水量为200 ～ 650mm，多年平均径流量约为580亿 m^3，仅占全国河川径流总量的2%，流域内人均水资源量不足全国人均总量的30%，且水质污染严重，仅60%的水功能区水质达标。地表水不足促使人们利用地下水，加之原生地质环境问题，黄河流域地下水环境污染形势严峻，“双源”（地下水型饮用水水源地及重点污染源）周边地下水环境面临较大的风险。

四、黄河流域地下水面临的环境问题

1. 地下水资源超采严重，综合功能下降，中上游区域水生态环境存在恶化风险

黄河流域是我国生态脆弱区面积最大、脆弱生态类型最多、生态脆弱性表现最明显的流域之一。2019年黄河流域浅层地下水动态监测主要集中在流域内的（河谷）平原（盆地或黄土台塬）区，总监测面积为9.28万 km^2，浅层地下水蓄水量比2018年减小7.87亿m。宁夏、内蒙古和山西3个省（区）地下水超采，造成6个浅层地下水降落漏斗，与2018年同期相比，山西太原盆地的宋股漏斗中心地下水埋深增大了1.87m。陕西和河南共计有18个浅层地下水超采区，与2018年同期相比，有4个超采区平均地下水埋深增大，有5个超采区中心地下水埋深增大。地下水过量开采以及由此引发的降落漏斗区域扩大会削弱区域地下水资源、生态、地质功能。

黄河河源生态亚区年降水量为300 ～ 400mm，属于半湿润—半干旱区，其水文情况影响该区域植被的生长发育，进而调控土地荒漠化进程。因此，面对草场湿地退化、湖

泊干涸等问题，该区域地下水的补给、储存、更新能力尤为重要，地下水资源的减少使地下水对该区域的供给保障作用减弱。

黄土高原生态亚区，土质疏松、坡陡沟深、植被稀疏，水土流失面积为45.17万 km^2，侵蚀模数大于8000t/（km^2·a）的极强烈及剧烈水蚀面积为8.5万 km^2，占全国同类面积的64%，是我国乃至世界上水土流失面积最广、强度最大的地区。因此，面对水土流失、湿地退化等问题，该区域地下水对其地表植被、湖泊、湿地或土地质量的良性维持作用尤为重要。地下水资源的减少使地下水对该区域的生态环境维护作用减弱。

黄河流域中上游大部分属于干旱半干旱地区，水资源较为贫乏，经济发展使水资源的需求量不断增大，供需矛盾日趋突出。以地下水为主要水源的城市，地下水水位存在持续下降风险，如西宁、兰州、银川、太原、西安等城市。漏斗区范围不断扩大，导致地面沉降。地下水资源的减少使其对该区域的环境支撑作用减弱。

人为污染与环境背景叠加，地下水型饮用水水源地水质底数不清、风险不明，安全保障难度大除生活及工农业生产造成地下水污染外，黄河流域地下水环境背景问题也较为突出，地下水中的一些物质如砷、氟、碘、盐分等存在超标问题，对县级及以下小规模水源地、农村分散式水源水质安全威胁大。饮水型地方病广泛存在，包括高氟引起的氟中毒（氟骨病、氟斑牙），低（高）碘引起的地方性甲状腺肿，低硒引起的克山病和大骨节病，高砷引起的地方性砷病等。黄土高原、鄂尔多斯沙盖、山西运城北部、山东省黄河下游等地区存在高氟背景值，地下水中氟含量较高，导致出现地方性氟中毒现象。黄土高原、吕梁山西坡、青海高原等地区地下水中碘缺乏，导致当地易发地方性甲状腺肿。山东省黄河下游地区土壤地下水中含有丰富的碘，导致当地高碘甲状腺肿的流行。内蒙古河套平原、宁夏银川平原、山西大同盆地等地的水文地质条件有利于砷富集，导致地下水中砷含量较高。除地级及以上饮用水水源开展定期监测外，县级尤其是乡镇及农村地区大多缺乏监测，水质底数不清，给地下水型饮用水水源安全造成严峻挑战。

2. 农业活动密集，资源环境利用效率偏低导致地下水污染问题突出

黄河流域农业面源污染面广、量大、程度深，是地表河湖水环境污染的主因，也是地下水污染的重要原因。2018年年底，黄河流域9省（区）的农业人口占比为45.97%，第一产业占比为8.67%，高于全国7.9%的平均水平。黄河上、中、下游地区农业资源环境效率由高到低分布是黄河下游＞黄河上游＞黄河中游，农业资源环境效率总体偏低。长期的引黄灌溉和施肥导致以硝酸盐为主要污染物的农业面源污染，化肥的过量施用及低效率利用造成地下水中 NO_3- 含量增加。黄河下游地区地下水 NO_3- 平均含量高达45.3mg/L，黄河三角洲地区地下水中 NO_3- 平均含量甚至高达101mg/L。

黄河下游山东省德州市潘庄引黄灌区长期存在过量施肥问题，导致土壤的养分结构发生较大变化，各种环境问题（如 NO_3- 淋失等）凸显，10% 的地下水样品中 NO_3- 浓度超过《生活饮用水卫生标准》（GB 5749—2006）中 NO_3- 的上限值88.6mg/L。灌溉产生的地下农田退水对地下水环境造成显著威胁。2010—2019年，黄河流域地下农田退水量达10.16亿～11.62亿 m^3，占退水总量的15.95%～17.24%。一方面，地下农田退水可通过水力联系汇入退水沟渠，污染地表水体，造成污染空间范围进一步扩大；另一方面，地下农田退水携带的污染物将加重浅层地下水污染，进而危及深层地下水水质。

3. 煤矿、石油等资源大规模开发及重工业集中分布，影响地下水资源循环条件及水环境安全

黄河流域煤炭资源主要分布在中上游地区，煤炭产量占全国的80% 左右，我国14个大型煤炭基地中9个地处黄河流域，黄河流域石油资源主要分布在中下游地区。黄河流域上游几乎涵盖所有西部煤炭资源区，中游经过我国最大的产煤区山西、陕西等地，下游流经胜利油田、中原油田等地。

缺少水资源与纳污水体，影响地下水补给条件是黄河流域能源基地的通病。以山西省煤炭基地为例，其水资源供需矛盾，水环境、水生态问题日益突出。一方面，煤炭基地多位于半干旱地区，降水量在400～600mm，水资源总量及人均水资源量较少，黄河需承担该区域生活、生产、农业与生态等多种供水需求；另一方面，大型煤炭基地的产业链，如煤炭开采、火力发电及煤化工行业均属于高耗水产业，一个产出百万吨的煤化工项目，每年一般需消耗水量上千万吨，同时还排放大量废。煤炭基地的大规模开发生产不仅改变了下垫面结构，使降雨径流转化关系随之改变，还改变了地下水的补给规律，对水资源的赋存和循环条件产生了严重影响。地下水水位下降，地表河流水量减少，泉水流量下降直至干涸，沼泽地消失，导致鱼类及其他生物失去了生存条件，水生态问题严峻。黄河流域的资源条件决定了其工业发展的重点是能源、化工、冶炼、造纸等传统工业。

多年来传统工业的迅猛发展、工业废水的未达标排放、城市污水处理率低，加之因河川径流的过量开发导致的河道内水体自净用水不足，造成了黄河流域水污染形势十分严峻，进而增加了地下水污染负荷。重工业源土壤污染的下渗迁移也是地下水污染的重要风险源。总体来看，工业源周边地下水污染风险高且底数不清。

五、解决黄河水污染问题的措施

1. 加强环境监管力度

加强环境监管力度是解决黄河水污染问题的关键。政府应该加强对企业和个人的监管力度，对违法排放废水和污水的企业和个人进行严厉惩罚。同时，应该加强对环境监

测和检测的投入，建立完善的环境监测和检测体系，及时掌握黄河水质状况，采取有效措施加以治理。

2. 推广清洁生产技术

推广清洁生产技术是解决黄河水污染问题的重要途径。企业和个人应该采用先进的生产技术和设备，减少废水和污水的排放。同时，应该加强废水和污水的处理和再利用，提高资源的利用率。

3. 加强公众环保意识

加强公众环保意识是解决黄河水污染问题的重要措施。政府应该加强对公众的环保宣传和教育，提高公众的环保意识。同时，应该加强对公众的行为监管，对浪费水和不注意环境保护的行为进行惩罚。

4. 建立完善的污水处理设施

建立完善的污水处理设施是解决黄河水污染问题的重要途径。政府应该加强对污水处理设施的投入，提高处理能力和效率。同时，应该加强对污水处理设施的运行和管理，确保设施的正常运行。

六、总结

黄河水污染问题是一个复杂的问题，需要采取多种措施来解决。加强环境监管力度、推广清洁生产技术、加强公众环保意识、建立完善的污水处理设施是解决黄河水污染问题的关键。同时，也需要加强政策引导、提高科技水平等措施，促进黄河流域水资源的可持续利用和生态环境的保护。

黄河流域生态环境与经济发展

黄河流域面积绝大部分在上中游地区，下游流域面积仅为全流域的3%。黄河下游两岸的广大平原分属海河、淮河流域，无论从历史还是现状看，这些地区的安危盛衰与黄河的治理开发关系都十分密切。换句话说，黄河流域的生态环境与经济发展之间存在着密切的关系，深化对其理解，有助于我们更好地保护生态环境，推动经济发展。

一、黄河流域生态环境

黄河流域位于中国北部，覆盖了约16%的中国土地。黄河流域的气候条件多样，从上游的干旱沙漠气候到中下游的半湿润和湿润气候。由于其独特的地理位置和气候条件，黄河流域的生态环境复杂而独特。

黄河流域的生态环境面临多方面的挑战。首先，水资源短缺。黄河是黄河流域的主要水体，但是水资源有限，而且在一些地区，水资源利用已经超过了其承载能力。其次，环境污染严重。随着工业化和城市化的推进，黄河流域的水质和土壤质量受到了严重的威胁。再次，生物多样性丧失。由于过度开发、气候变化等原因，黄河流域的生态系统受到破坏，许多野生动植物的生存环境受到威胁。

二、黄河流域经济发展

黄河流域的经济发展历史悠久，是中国重要的粮食生产和能源基地。近年来，随着国家对黄河生态保护的重视，黄河流域的经济发展正在进行战略调整，从追求规模转向追求质量。

黄河流域的经济发展主要表现在以下几个方面。首先，农业发展。黄河流域是中国重要的粮食生产地带，尤其是小麦和玉米。其次，能源发展。黄河流域的水力、煤炭资源丰富，是中国的能源基地之一。再次，工业发展。黄河流域的工业主要集中在制造业和服务业，其中制造业以能源、化工、农业为主。

黄河流域很早就是我国农业经济开发的地区。上游宁蒙河套平原是干旱地区建设“绿洲农业”的成功典型;中游汾渭盆地是我国主要的农业生产基地之一。流域内的小麦、棉花、油料、烟叶等主要农产品在全国占有重要地位。由于流域大部分地区自然条件和生态环境较差，广大山丘区的坡耕地单产很低，牧业生产也比较落后，林业基础薄弱，人均占有粮食和畜产品都低于全国平均水平。1993年，人均占有粮食仅361kg，比全国平均水平低47. kg；平均粮食亩产207. kg，较全国低120　kg，流域内粮食产量占全国的比重小于人口所占比重。1996年，流域内的贫困县还有126个，占全国贫困县的21. 3%。因此，进一步加强农业综合开发，提高生产水平，发挥土地和光热资源的优势，是整个流域农业经济持续稳定发展的迫切要求。同时，黄河上中游地区又是我国少数民族聚居区和多民族交汇地带，也是革命时期的根据地和比较贫困的地区，生态环境脆弱。加快这一地区的开发建设，尽快脱贫致富，改善生态环境，对实现我国经济重心由东部向中西部转移的战略部署，对推动我国国土整治开发和社会主义建设以及加强民族团结具有重大意义。

黄河流域工业基础薄弱，新中国成立以来有了很大的发展，建立了一批工业基地和新兴城市，为进一步发展流域经济奠定了基础。能源工业包括煤炭、电力、石油和天然气，具有显著的资源优势，原煤产量占全国的半数以上，石油产量约占全国的1/4，已成为区内最大的工业部门。铅、锌、铝、铜、钼、钨、金等有色金属冶炼工业，以及稀土工业有较大优势。全国八个规模巨大的炼铝厂，黄河流域就占四个。流域内主要矿产资源与能源资源在空间分布上具有较好的匹配关系，为流域经济连锁式良性开发和综合发展创造了良好的条件。除此之外，纺织工业在全国也有重要地位。尽管黄河流域的工业有了很大的发展，但与全国相比，仍然比较落后，不仅人均工业产值低于全国水平，更重要的是经济效益很低，这就弱化了流域自我发展和自我积累的能力。重工业比重大，农业、轻工业对重工业的供给能力低；产业结构层次低，属于资源型工业结构。黄河流域资源开发和工业发展，还有很大的潜力。

黄河的治理与开发，为下游防洪保护区经济的发展创造了良好的条件。据1990年资料统计，12万平方公里的黄河下游防洪保护区，共有人口7801万人，占全国总人口的6.8%，耕地面积1.07亿亩，占全国的7.5%，是我国重要的粮棉基地之一。区内人均占有粮食426kg，平均粮食亩产250kg，粮食和棉花产量分别占全国的7.7%和34.2%，农业产值占全国的8%。区内还有石油、化工、煤炭等工业基地，在我国经济发展中占有重要的地位。

三、生态环境与经济发展的关系

生态环境与经济发展之间的关系复杂而密切。良好的生态环境是经济发展的基础，能够提供稳定的水资源、土壤质量和空气质量，保障经济的稳定发展。同时，经济发展也能够为生态环境保护提供资金和技术支持，推动生态环境的改善。在黄河流域，生态环境与经济发展之间的关系尤为重要。黄河流域的生态环境问题，如水资源短缺、环境污染和生物多样性丧失，不仅影响了经济发展的质量，也限制了经济发展的潜力。因此，在黄河流域的经济发展中，必须重视生态环境的保护和修复，以实现可持续的经济发展。

黄河流域是我国重要的经济发展地带，我国生产力布局以沿海、沿长江、沿黄河为主轴线，结合陇海、兰新、京广、京九、浙赣——湘黔、太焦——焦枝、哈大、南昆铁路等沿线地区二级轴线，构成我国国土开发和建设总体布局的基本框架。沿黄河地带是我国能源富集地区，开发条件较好。上中游地区和干流河段煤炭、水能资源丰富，下游地区是我国石油的重要产区，沿黄河地带的铝土、铅、锌、铜、钼、稀土等在全国也占有重要地位。进一步开发沿黄轴线的能源产业和原材料产业，对推动我国的经济发展至关重要。

按照全国国土开发和经济发展的规划布局，沿黄河轴线地带有四大片被列为近期综合开发的重点地区。第一，以兰州为中心的黄河上游地区，包括龙羊峡至青铜峡沿黄地带，以及甘肃金川、陕西凤县、太白等地。今后开发的主要任务是，以水电开发和有色金属冶炼为重点，适当发展有关加工工业。同时要加强交通建设，大力开展水土保持和防治风沙危害，适当扩大灌溉面积，提高农牧业生产，改善生态环境，逐步将该地区建成为一个开发西部地带的重要基地。第二，以山西为中心的能源基地，包括山西、陕西、内蒙古、宁夏、河南等省（区）的广大区域。今后开发的主要任务是，加快煤炭资源开发，建设成为以煤、电、铝、化工等工业为重点的全国最大的综合开发区。

同时，充分利用能源和矿产资源丰富的优势，发展高耗能工业和化学工业，逐步改变我国高耗能工业过分集中于沿海地区的不合理布局。要搞好煤炭外运通道和供水设施的建设，特别重视发展农业，提高粮食和农副产品的自给能力。加强水源保护和环境保护，大力开展水土保持，改善生态环境，减少入黄泥沙。第三，山东半岛重点开发区，包括整个山东半岛和黄河口地区。今后将建设成为全国重要的石油和海洋开发基地、石油化工基地，以及以外向型产业为特色的经济区域。其中，黄河口地区开发的中心任务是加快胜利油田勘探开发，发展原油加工和石油化工，同时逐步开发利用黄河河口三角洲荒滩地。积极整治黄河河口，使黄河入海流路相对稳定，保障胜利油田安全生产。第四，兖滕——两淮能源开发区，包括兖济、枣滕、巨野、丰沛、徐州、淮北、淮南、永城八大煤田，大部分位于黄河下游防洪保护区内。今后将建设成为华东地区最大的煤炭和电力基地。

根据全国农业开发布局，黄河下游沿黄平原、黄河中游关中平原、黄河上游宁夏和内蒙古河套平原都是计划重点建设的农业基地。同时流域内还有大面积的干旱高地，在有条件的地方要发展节水型灌溉，以形成新的农业生产基地。要加强上中游地区的草场建设，提高畜牧业生产水平。大力发展林业，提高森林覆盖率，保护和改善生态环境。

四、黄河领域旅游经济的发展

黄河流域自然景观、文物古迹等旅游资源十分丰富。流域内众多的名山峻峡，雄险深邃，动人心魄，位于晋陕峡谷的壶口瀑布，奔腾咆哮，气壮山河。黄河流域是中华民族的发祥地，也是我国历史上建都最多的地区。兰田、丁村、半坡村等古文化遗址，长城及秦始皇兵马俑等文物古迹，西安、洛阳、开封古都，革命圣地延安等都是举世瞩目的地方。大力开发和保护黄河流域得天独厚的旅游资源，对促进流域经济发展具有重要作用。

在全国区域经济格局的基本框架中，黄河流域经济带是目前经济发展水平较低的，其经济发展面临着严重的挑战，不加大黄河流域经济开发的力度，就不能逐步缩小东中西三大区域的经济差距，黄河流域的资源优势也就不能有效发挥。另一方面，黄河流域经济开发潜力巨大，随着国家产业结构的调整，国家投资力度将向中西部地区倾斜。第二条欧亚大陆桥的贯通，将使整个黄河流域经济带都在大陆桥的辐射之内，这些都为黄河流域经济的发展提供了良好的机遇。

黄河流域经济带的发展与黄河治理开发息息相关。进一步提高下游防洪防凌的能力，加大黄土高原水土流失地区治理的力度，尽快改善生态环境恶劣的局面，促进水资源高效合理利用，加快干流骨干工程体系的建设，对促进流域经济的发展，实现国民经济和社会发展"九五"计划和2035年远景目标，有着十分重要的意义。因此，加快黄河的治理与开发，是一项刻不容缓的紧迫任务。

黄河流域的生态环境和经济发展是相互影响、相互促进的。在未来的发展中，我们需要深入理解这种关系，将生态环境保护纳入经济发展规划中，实现经济发展和生态环境保护的双赢。具体来说，我们需要采取以下措施：

1. 优化水资源配置

通过加强水资源管理，提高水资源利用效率，减少浪费，保障黄河流域的水资源需求。

2. 加强环境污染防治

通过提高环保技术，加强环保监管，减少污染排放，保护黄河流域的生态环境。

3. 保护和恢复生态系统

通过实施生态工程，恢复生态系统，保护生物多样性，为黄河流域的经济发展提供生态保障。

4. 推动绿色经济发展

通过发展清洁能源、节能环保产业等，推动绿色经济发展，实现生态环境保护和经济发展的双赢。

黄河治理面临的问题和挑战

随着社会经济的发展，黄河流域面临着越来越多的治理问题和挑战。本节将探讨黄河治理中的主要问题及其成因，并提出相应的解决方案和发展建议。

一、黄河治理中的问题

1. 水资源短缺

黄河流域的水资源短缺问题尤为突出。一方面，随着社会经济的发展，黄河流域的需水量不断增加，导致水资源供需矛盾加剧；另一方面，由于气候变化和过度开发，黄河流域的水资源总量减少，水质也受到严重影响。

2. 洪水灾害频发

黄河是世界上最为复杂的河流之一，洪水灾害频发。黄河流域的气候条件、地形地貌、水文特征等因素使得洪水灾害难以避免，而河道整治、水库建设等工程措施也可能会对洪水产生影响，加剧洪灾的风险。

3. 生态环境破坏

黄河流域的生态环境受到严重破坏，包括土地侵蚀、水资源破坏、生物多样性减少等。这些问题的产生与过度开发、过度农业有关，同时也与环境保护意识不足、环境监管不到位等因素有关。

二、黄河的治理与开发

黄河的泥沙淤积塑造了一片大平原，同时洪水泛滥也给它带来了深重的灾难。如今两岸广大平原一方面仍然遭受着黄河水患的严重威胁，另一方面，这一地区社会经济的发展又迫切需要开发利用黄河的水资源。因此分析流域的经济发展情况及其对黄河治理开发的要求，除了考虑黄河流域这个自然地理实体外，还要考虑流域经济的完整性和关联性，应该包括现行河道决溢可能影响到的12万平方公里的黄河下游防洪保护区。

1. 治黄成就

1946年中国共产党领导人民治黄以来，特别是新中国成立以后，党和国家对黄河进行了前所未有的治理与开发，在党中央的领导下，在我国大江大河的第一综合治理规划——黄河综合利用规划的推动下，经过沿黄广大军民多年坚持不懈的努力，除害和兴利都取得了令世人瞩目的伟大成就。

（1）黄河下游防洪工程体系基本形成，防洪取得了巨大的经济效益和社会效益

70多年来，黄河下游三次加高培厚堤防，进行了放淤固堤，开展了河道整治，在干流上修建了三门峡水利枢纽，在支流上修建了伊河陆浑水库和洛河故县水库，开辟了北金堤滞洪区，修建了东平湖滞洪水库，基本形成了“上拦下排，两岸分滞”的防洪工程体系，并加强了防洪非工程措施和人防体系的建设。依靠这些工程措施和广大军民的严密防守，取得了连续50年伏秋大汛不决口的伟大胜利，扭转了历史上频繁决口改道的险恶局面，保障了黄淮海平原12万平方公里防洪保护区的安全和稳定发展，取得了巨大的经济效益和社会效益。从总体上看，进入黄河下游的洪水已经得到了一定程度的控制，下游防洪能力比过去有很大提高，为进一步消除黄河下游水患奠定了有利的基础。上游的龙羊峡、刘家峡水库，对保障兰州市的防洪安全和减缓洪凌对宁蒙平原河道的威胁，也起到了重要作用。

（2）黄土高原部分水土流失地区得到初步治理，促进了生产发展，减少了入黄泥沙

1995年底，黄土高原43.4万平方公里的水土流失面积已经初步治理15.4万平方公里，占水土流失面积的35%。特别在一些重点治理区，一大批综合治理的小流域，其治理程度已达70%以上，成为当地发展农林牧副业生产基地。据统计，上中游水土流失地区已兴修梯田、条田、沟坝地和其它造地等基本农田7755万亩，造林11802万亩，种草3517万亩，兴建治沟骨干工程854座，淤地坝10万余座，各类沟道防护及小型蓄水保土工程400多万处。累计增产粮食538亿kg，木材蓄积量5000多万m^3，饲草250亿kg，一些地区的生产条件和生态环境已经开始得到改善。1970年以来，水利水保措施年均减少入黄泥沙3亿t左右，占三门峡站多年平均输沙量的18.8%。水土保持工作已经积累了比较完整的防治和管理经验，综合治理开始收到了成效。

（3）黄河水资源的开发利用，为流域和沿黄地区工农业生产及城市生活提供了宝贵的水源

目前流域内已建成大、中、小型水库3147座，总库容574亿m^3，引水工程4500处，提水工程2.9万处；在黄河下游，还兴建了向两岸海河、淮河平原地区供水的引黄涵闸94座，虹吸29处，为开发利用水资源提供了重要的基础设施。黄河流域及下游沿黄地区灌溉面积由1950年的1200万亩，发展到1.07亿亩，在约占耕地面积45%的灌溉面积上，生产了70%的粮食和大部分经济作物，有力地促进了农业生产。黄河还为两岸重点工业基地、大中城市提供了宝贵的水源，引黄济青为青岛市的经济发展创造了条件，引黄济津缓解了天津市缺水的燃眉之急。目前黄河河川径流利用率约为53%，利用程度已达到了较高的水平。黄河水资源的开发利用有力地推动了沿黄省（区）的经济发展，取得了显著的经济效益、社会效益和环境效益。

（4）干流开发成效显著

在黄河干流上建成了龙羊峡、刘家峡、盐锅峡、八盘峡、青铜峡、三盛公、天桥、三门峡等8座水利枢纽和水电站，总库容410亿m^3，有效库容300亿m^3，发电装机容量达到382万kW，年平均发电量176亿kW·h，累计发电量2740亿kW·h。目前在建工程还有李家峡、大峡水电站和小浪底、万家寨水利枢纽。截至1995年底，黄河干流已建、在建水利枢纽总库容563.2亿m^3，有效库容355.6亿m^3，发电装机容量899.6万kW，年平均发电量335.5亿kW·h，分别占黄河干流可开发水电装机容量和年发电量的28.8%和29.5%，是全国大江大河中开发程度较高的河流之一。黄河干流工程的建设，不仅开发了黄河的水电资源，而且在防洪、防凌、减淤、灌溉、供水等方面，都发挥了巨大的综合效益，对促进国民经济发展和治理黄河都起到了很好的作用。

(5)治黄科技不断进步，大大深化了对黄河规律性的认识

广大科技工作者，紧密结合治黄实践，积累了一整套较为系统的基本资料，对黄河这条世界上最难治理的河流，进行了深入的研究，取得了一大批具有世界先进水平的成果，加深了对黄河基本规律的认识，促进了治黄科学技术的不断进步和对黄河的治理与开发。“八五”国家科技攻关项目《黄河治理与水资源开发利用》的圆满完成，是几十年来黄河科技成果的集中体现。人民治黄50年来，黄河治理开发的规模和取得的巨大成就，在中华民族的历史上，是任何一个朝代所无法比拟的，在世界水利史上也是罕见的。经过几十年的努力，黄河已开始变成为人民兴利造福的河流。治黄工作的成就充分显示了社会主义制度的优越性。

2. 黄河治理的主要经验和认识

在进行大规模的治理开发建设的同时，水利水电系统、中国科学院、有关部委及大专院校组织了很大的力量开展治理黄河的综合考察、勘测、规划、和试验研究，许多著名的地学专家和水利专家长期研究探索治黄的途径和措施。在对治黄过程中成与败、得与失、经验与教训的研究和总结中，逐步加深了对黄河特点和治理方向的认识。总结以往的治黄实践，有以下几点基本认识。

(1)既要充分认识治黄任务的迫切性和重要性，更要充分估计治黄工作的复杂性和长期性

治理黄河水害，不仅要有效控制洪水，还要妥善处理泥沙，与其它江河治理开发问题相比，黄河具有特殊的复杂性。解决黄河洪水、泥水问题，必须作长期打算。在相当长的时间内，黄河仍将是一条多泥沙的河流。治黄规划的指导思想必须立足于这个基本估计，根治黄河水害的目标只能分阶段逐步实现。

(2)黄河的治理与开发需要特别强调全河统筹，上中下游兼顾，除害与兴利相结合的原则

黄河水少沙多，而且水与沙的来源地区不同，流域内大部分地区干旱缺水，目前水资源利用供求矛盾已经比较突出，下游排送泥沙入海又需要相当的水量，开发利用水资源必须上中下游统一规划，统一管理，统一调度。要大力开展节约用水，建立节水型社会，按照以供定需的原则开发利用水资源。同时，要特别重视水源的保护。

黄河的治理与开发是一个整体，兴利与除害相互联系又相互制约，上中下游关系十分密切。流域经济的发展也要求不同地区优势互补、加强联合与协作。因此，重要的控制性工程必须统筹安排，相互补充，构成一个完整的体系，服从治黄的总体部署。只有这样做，才能较好地趋利避害，使兴利和除害相协调，充分发挥流域资源的综合效益。

（3）治理黄河，要治水治沙并重

解决黄河的泥沙问题，要采用“拦、排、放、调、挖，综合治理”等措施。经过长期努力，可以有效地减轻下游河道淤积，谋求黄河长治久安。泥沙问题是黄河难治的症结所在，解决黄河泥沙问题要坚持标本兼治，近远结合，综合治理，要有长期作战的准备。在总结以往治黄实践经验的基础上，70年代以来，提出采用“拦、排、放”的方法，作为处理黄河泥沙问题的三个基本措施。“拦”就是拦减入黄河泥沙。主要靠中下游地区的水土保持和干支流控制性骨干工程，尽可能减轻土壤侵蚀，综合利用水沙资源，拦减入黄泥沙。这是治理黄河的一项根本性措施。“排”就是通过清淤除障、各类河防工程的建设、河口治理，将拦不住的泥沙通过河道排送入海。在相当长的时间内，总还有一部分泥沙需要设法排送入海。“放”主要是指在下游两岸地区处理和利用一部分泥沙。利用这些泥沙放淤改土，淤高背河地面，使除害和兴利紧密结合。从长远看，配合其他措施，可以逐步改变黄河下游悬河面貌，使之成为相对的“地下河”，这也是根治黄河的一项重大措施。

80年代以来，在对中游干流水库防洪减淤作用的规划研究中取得一些重要的进展。逐步认识到利用干流水库合理调节水沙过程，使之适应河道的输沙特性，能够长期发挥减轻河道淤积和减少排沙用水的作用。利用水库“调水调沙”也是解决泥沙问题的一项重要措施。

90年代以来，在吸取国内外挖河疏浚和黄河下游机淤固堤经验的基础上，结合当前河道淤积严重的局面和今后减轻主河槽淤积的需要，提出了挖河疏浚的办法也是解决泥沙问题的一项重要措施。减少入黄泥沙，有效控制下游河床淤积抬高，是一个复杂的系统工程，必须要多种措施相互配合，进行全面综合治理。历史经验证明，稳定下游现行河道，对保障黄淮海平原的安定和建设有重要意义。立足于下游现行河道进行治理，是治黄的基本战略方针。采取上述综合措施，经过长期坚持不懈的努力，可以有效地减轻下游河道淤积，稳定现行河道，实现黄河长治久安。

（4）水土保持是治理黄河的根本措施之一

继续坚持不懈地开展黄土高原地区的水土保持，是改变当地生产条件发展经济的必由之路，也是治理黄河及国土整治的一项重要任务。黄河泥沙特别是粗泥沙来源在地域分布上高度集中，对不同类型地区的水土保持工作要有不同的任务要求。一般地区的水土保持应以推动生产发展促进当地群众实现小康为中心，逐步改善生态环境，改善当地群众的生产和生活条件。对粗泥沙集中的河口镇至龙门区间的黄土丘陵沟壑区的治理，应在改善当地生产生活条件的同时，适当集中力量，增加投入，加快治理。在沟道内广泛修建淤地坝和治沟骨干工程，就地拦蓄利用水沙资源，切实提高减沙效益，长期保持拦泥效果。继续以小流域为单元进行综合治理，规模开发，防治并重，长期坚持。要逐步建立一个各项措施合理配置，综合治理开发的水土保持工程体系。由于水土流失区地广人稀，生态环境恶劣，经济发展落后，水土保持工作难度很大，必须清醒地估计到水土保持工作仍然是一项长期而又艰巨的任务，解决黄河的泥沙问题，需要进行长期的努力。黄河的治理与开发，应该立足于这样的估计，才能争得更大的主动，避免出现重大的失误。

三、治黄存在的主要问题

经过半个世纪坚持不懈的努力，黄河的治理与开发取得了很大的成效，但是，消除黄河水患、开发黄河水利是一项长期的任务。当前，改革开放的深入和经济建设的迅速发展，对黄河治理与开发提出了更高的要求，黄河的情况也在发展变化，治黄工作面临着一些突出的问题需要解决。

1. 黄河安澜中潜伏着危机，洪水威胁依然是国家的心腹之患

目前，黄河洪水泥沙尚未得到有效控制，下游河道仍在继续淤高。近年来，由于来水偏枯，工农业用水增多，以及上游龙羊峡水库汛期蓄水等方面的因素影响，河槽淤积加重，平滩流量只有2000m^3/s 至4000m^3/s，致使漫滩机遇增多，河道宽浅散乱，“二级悬河”的不利状况更加严重，出现“横河”、“斜河”、“滚河”的可能性增大，加重了水患威胁，形势极为严峻。从1950年到现在，下游河道流量3000m^3/s 的水位升高2.5m 至3.5m，堤防抗洪压力增大，水患威胁严重。1996年花园口站发生洪峰流量7860 m^3/s 的中常洪水，沿河滩区全面漫水行洪，淹地343万亩，107万人受灾，造成很大损失。1855年黄河决口改道溯源冲刷形成的东坝头以上高滩，141年来没有上过水，1996年洪水期间也几乎全部漫滩，河道淤积已接近到1855年改道前夕的状况，这是一个严重的警报。

黄河下游防洪工程还存在不少薄弱环节，仍有部分堤防达不到设计标准，堤防的险点隐患还有待进一步消除，险工和控导工程的根石严重不足，200多公里的宽河段、游荡性河道的河势变化尚未得到控制，东平湖滞洪水库急需抓紧除险加固。此外，滩区、滞洪区的安全建设，河口治理，以及水文、通讯、抢险机具等防洪非工程措施，也不适应防大汛、抢大险的要求。下游防洪工程的续建改建任务还很繁重。

小浪底水库投入运用后，可以控制库区以上特大洪水，大大减轻下游防洪负担，其拦沙减淤作用可以使下游河道相当20年不淤积抬高，同时有巨大的综合利用效益。但是下游河势游荡变化的局面不能很快改变，河防工程还不够强固，中常洪水可能决堤成灾的危险依然存在，因此下游河防工程还必须继续加强、配套、完善。

另外，近年来宁夏、内蒙古河道，由于汛期来水减少，河槽淤积加重，排洪能力降低，河势变化，滩岸坍塌，防洪防凌问题还没有得到解决，需要加强治理。渭河下游的防洪减灾、禹门口至潼关以下库区的塌岸问题，也需要妥善安排。

2. 黄河水资源紧缺和水质恶化已成为流域经济和社会发展的重要制约因素

近十年来，黄河河川径流年耗用量已超过300亿 m^3，其中上游地区年均耗水量131亿 m^3，中游地区耗水量54亿 m^3，下游两岸引黄灌区及城市供水耗水量122亿 m^3，一些省（区）已超过了国家规定的用水控制指标，水资源供需矛盾日益突出，下游河道年年都有断流现象，断流时间和断流河段越来越长。另一方面，用水缺乏科学管理，灌水效率很低，加上水费价格偏低，工农业用水浪费严重，有效利用率还不高。

在水资源日益紧缺的同时，工业、生活废污水排放量逐年增加，造成黄河水质污染，生态环境恶化，进一步加剧了水资源危机。黄河水资源已成为流域经济和社会发展的重要制约因素。加强黄河水资源统一管理和调度，大力推动节水措施，保护水质，是治黄一项重大任务。

3. 黄土高原水土流失治理难度大，投入少，治理进度远不能适应当地经济发展和黄河治理的需要

黄河上中游地区水土流失面积达43.4万平方公里，治理难度很大。特别是水土流失严重的多沙粗沙区，生态环境脆弱，群众生活贫困，治理难度大，进度缓慢，防治水土流失的任务仍然十分艰巨。当前存在的主要问题是投入严重不足，治理重点不突出。目前已经初步治理的地区，部分治理措施标准不高，还需要下很大力气巩固治理成果，提高治理的效益。同时边治理、边破坏的情况还没有完全解决，急需进一步加强预防监督，坚决制止人为破坏，增加新的水土流失。

4. 流域管理及法制建设与国民经济发展对治黄的要求不相适应

随着我国社会主义市场经济体制的逐步建立和流域社会经济的发展，对黄河的治理与开发提出了更高的要求，水的供需矛盾越来越突出，流域水管理及法制建设亟待加强。目前，防洪、防凌的统一调度还不完善，黄河水资源开发利用还缺乏有效的统一管理，法制不完善和执法力度不够，价格体系尚未理顺，投资体制改革还有待深化，治黄产业政策还需要进一步改革完善。因此，必须加大改革力度，加强流域水管理和法制建设，使黄河的除害与兴利、治理与开发有机地结合起来，发展治黄产业，为治黄事业的可持续发展创造条件。

黄河水利规划的指导思想和主要任务

一、规划指导思想

修订黄河治理开发规划要按照《中华人民共和国国民经济和社会发展“九五”计划和2010年远景目标纲要》确定的发展目标，体现实施科教兴国战略和可持续发展战略，为实现由计划经济体制向市场经济体制转变和粗放经营向集约化经营转变服务，要贯彻执行发展国民经济的方针政策和有关法律、条令、规定。

要从黄河的实际情况出发，进一步认识并按照黄河的自然规律和我国的经济发展规律办事。要正确运用已经积累起来的成功经验，认真贯彻“兴利除害，综合利用，使黄河水沙资源在上中下游都有利于生产，更好地为社会主义现代化建设服务”的治黄方针。

要充分认识治理黄河，特别是解决黄河洪水泥沙问题的复杂性和长期性。要标本兼治，正确处理除害与兴利的关系，要贯彻全河统筹安排，上中下游兼顾的原则，综合利用。要节约用水，提高效益，合理配置、利用和保护黄河水资源。

水利是我国经济和社会发展的重要基础设施和基础产业。治黄建设是我国水利建设的一个重要组成部分，要遵照全国经济和社会发展计划关于加强水利建设、搞好大江大河治理的要求，集中力量有计划地建设一批重点骨干工程，使治黄建设与国民经济发展相协调，促进国民经济和社会的可持续发展。

二、规划的主要任务

遵照1984年国务院批准的《修订黄河治理开发规划任务书》的要求，“这次规划不要求面面俱到，要重点研究一些战略问题，提出‘七五’计划和后十年的设想，考虑到黄河的特殊性，为了研究较长期的开发目标和治理方向，对洪水泥沙问题要提出五十年内外的设想和展望”。由于规划编制和审定历时较长，为了适应国家总体发展计划的要求，将原定的“提出‘七五’计划和后十年设想”的要求修改为“提出2010年工程建设安排”，“对水资源问题提出2030年的展望”，洪水泥沙问题仍按规划任务书要求，展望50年左右。

按照规划任务书的规定，规划的主要任务是，提高下游的防洪能力，治理开发水土流失地区，研究利用和处理泥沙的有效途径，开发水电，开发干流航运，统筹安排水资源的合理利用，以及保护水源和环境。结合新形势下的矛盾和问题，规划中各项任务安排如下：

1. 黄河下游防洪

为了保障黄淮海平原的经济建设和人民生命财产安全，保证四化建设的顺利进行，必须妥善解决黄河下游的防洪问题，这是治黄规划的首要任务。要求在总结黄河防洪历史经验和已有规划研究成果的基础上，研究防洪的方向和重大措施安排，提出现有防洪工程的合理运用及改善措施。

2. 黄河泥沙的处理和利用

泥沙是黄河治理的一个重要问题，也是黄河下游洪水危害的主要原因。要在认真总结实践经验的基础上，研究制定处理和利用泥沙的综合措施方案。经过综合比较论证，拟定下游河道近期及50年内外的减淤途径和主要措施。

3. 水土流失区的治理和开发

要分析不同类型区水土流失规律及存在问题，研究拟定各区防治水土流失、全面发展农林牧业的措施和实施计划。要着重研究水土流失特别严重的15.6万平方公里多沙粗沙来源地区的综合治理问题，提出重点防治的措施意见。

4. 黄河水资源的合理利用

要根据节约用水的原则和水量调节的可能条件，结合处理和利用泥沙的措施方案，统筹考虑工农业用水和下游排沙用水，拟定不同水平年水资源合理利用意见，并研究从长江调水的方案设想。

5. 灌溉

要进一步摸清黄河灌溉现状，研究提出充分发挥现有灌溉工程效益的措施，并制定续建、配套和整顿改善实施计划。按照统筹兼顾、节约用水、保证重点、经济合理、切实可行的原则，研究拟定引黄灌溉发展计划。

6. 水力发电

根据国民经济发展的需要，结合黄河治理安排，提出黄河上中游干流水能资源的开发部署，合理开发黄河的水能资源。

7. 航运

根据工农业发展的需要和可能，研究提出开发黄河干流航运的可行性研究意见。

8. 水资源保护与环境影响

调查黄河干支流各区段水质污染现状，查明现有主要污染源，并根据各地区经济发展规划，预测黄河水质可能发生的变化，研究拟定防治水质污染的措施，并制定进一步加强水质监测的计划。对黄河治理开发可能引起的环境影响进行评价，并提出相应的环境保护对策。

三、黄河治理中的挑战

1. 流域管理体制不完善

黄河流域管理体制不完善，是治理黄河面临的重要挑战之一。目前，黄河流域的管理机构众多，涉及到中央和地方各级政府、水利、环保等多个部门，协调难度大，导致流域管理效率低下。

2. 科技创新不足

黄河流域的治理需要依靠科技创新，但是目前科技创新不足是黄河流域治理的重要挑战。黄河流域的科研机构和科研人才相对较少，科研投入不足，导致黄河流域治理缺乏有效的科技支撑。

3. 经济发展与环境保护的矛盾

黄河流域的经济发展与环境保护之间存在矛盾。一方面，经济发展需要大量的水资源、土地资源等自然资源；另一方面，环境保护需要限制对这些资源的利用，二者存在矛盾。

四、黄河治理的对策建议

1. 加强流域管理体制改革

加强黄河流域管理体制改革，是解决黄河治理问题的关键。需要建立完善的流域管理机构体系，明确各级政府的职责和权力，加强跨部门协调，提高流域管理效率。

2. 推动科技创新

推动科技创新，是解决黄河治理问题的关键。需要加强科研投入，培养科研人才，提升黄河流域的科技水平。同时，也需要加强科技转化和应用，将科技成果转化为治理实践，提高治理效果。

3. 促进经济发展与环境保护的协调

促进经济发展与环境保护的协调，是解决黄河治理问题的关键。需要优化产业结构，发展绿色经济，减少对自然资源的过度利用。同时，也需要加强环境监管，提高环境保护意识，推动经济发展与环境保护的协调发展。

五、总结

总的来说，黄河治理面临的问题和挑战复杂而严峻。需要加强流域管理体制改革，推动科技创新，促进经济发展与环境保护的协调，才能实现黄河的有效治理和可持续发展。同时，也需要全社会共同努力，加强环保意识宣传和教育，提高公众环保意识和素质，推动黄河流域的生态文明建设。

微塑料对黄河入海口藻类的影响

塑料污染已是人们普遍关注的问题，越来越多的研究显示环境中的废弃塑料给人类健康带来了直接和间接的影响。环境中的塑料废弃物最终都会分解为微塑料颗粒，继而进入水体生态系统。微藻是水体生态系统中的主要生产者，微藻对水环境中的污染物非常敏感，藻类数量和组成的变化将导致整个水生生态系统平衡的改变，因此弄清微塑料对微藻的影响，对于评估微塑料对水生环境的影响至关重要。

一、微塑料污染现状

塑料由于其方便快捷的性能而成为了人类生活中必不可少的材料，全球塑料制造和消费量每年超过3亿吨。大量的塑料废弃物常常会进入废水处理厂，继而分解形成微塑料颗粒大量进入淡水系统，最终又会源源不断汇入海洋，其中约有10%的塑料废弃物进入海洋，进入海洋的塑料废弃物占所有海洋垃圾的60%至80%。

进入自然环境中的塑料废弃物会逐步分解成微小的塑料颗粒在环境中大量存在。微塑料分布广泛，研究发现在江湖、湖泊、近海以及大洋甚至极地地区都出现了不同浓度的微塑料。例如，在长江口及其邻近海域的水体沉积物的表层中微塑料的平均密度达到121粒子 /kg（DW），大西洋水体中微塑料浓度也高达2.46粒子 /m。预计水生生态系统中微塑料的浓度仍将增加，这使研究人员越加关注微塑料的毒性作用。因尺寸较小，微塑料可被各种营养水平的生物（如哺乳动物、鱼类、甲壳类动物和浮游动物）直接或者间接摄取而产生各种毒性作用，包括引起生长抑制、生殖力受限、耗氧量改变、寿命缩短、摄食能力降低，以及抗氧化相关的酶活性增加等严重后果。但是，至今对于初级生产力—浮游植物的毒性研究却很有限。

二、微塑料的来源与种类

在海洋中，由于波浪的作用，较大的塑料碎片会因为光降解和磨损而成为更小的碎片，而一些小的塑料颗粒可以直接来源于各种消费品和工业应用的废弃物。据报道，2009年美国液体肥皂产品中约有263吨聚乙烯塑料微粒，这些微塑料已经成为了一种新兴污染物，引起了研究者的重视。

根据尺寸区分，尺寸大于5mm的被定义为宏观塑料，小于5mm或者1mm的塑料颗粒为微塑料，纳米塑料指的是尺寸为1μm至100μm的塑料颗粒。根据来源定义了两种类型：一种是原始微塑料，主要来源于化妆品、油漆、家庭废水中的纺织品或塑料工业颗粒；另一种是次级微塑料，由大颗粒（直径大于5mm）在紫外线、波浪或物理磨损下形成的颗粒。其中聚乙烯（PE），聚苯乙烯（PS）和聚丙烯（PP）是环境中最为常见的塑料类型。

三、微塑料对微藻的毒性效应

由于微藻在水体生态系统中是最主要的初级生产者，是整个食物链的基础，它们对水体生态系统中的氮、磷等物质循环和能量流动起着至关重要的作用，微塑料对微藻的毒性效应已引起了一些研究者的关注。研究发现，微塑料的浓度、粒径和表面性质对藻类的毒害作用均有影响。

1. 微塑料的浓度

Zhang等网通过对海洋微藻中肋骨条藻的生长抑制实验发现，随着微塑料聚乙烯mPVC（直径约为1μm）浓度增加，最大生长抑制率会随着mPVC浓度的提高而增加，但不随着时间的延长而增加，原因是微塑料不会像氧化锌和二氧化钦颗粒污染物一样对藻类有毒性积累效应。高浓度（50mg/L）的mPVC处理相较于低浓度（5mg）的mPVC处理，叶绿素含量下降幅度更大，对叶绿体光合作用系统PSII电子传递效率的影响也更大。在微藻暴露初期，微藻可能还不能适应微塑料的毒性作用，随着时间的推移，微藻可能对微塑料产生抵抗力，并且可以与微塑料共存，可以更好地生长，也就意味着微塑料对藻类光合作用的抑制作用随时间的增加会逐渐减弱。Ma。等通过对蛋白核小球藻（Chlorellapyreuoido. sa）30d的生长实验也发现，随着微塑料聚苯乙烯（mPS）浓度的增加，生长抑制率也逐渐增加。但是在微塑料的存在下，藻类的对数期会延长，最终导致小球藻密度的显著增加。通过对光合作用参数的测定，他发现mPS对光合作用的抑制作用随时间的推移而降低。从延滞期到早期对数期，随浓度的增加，抑制作用更加明显，原因可能是电子传递率的降低将会导致电子的积累，随后活性氧（ROS）水平的增加，使得小球藻处于氧化应激状态。从对数期结束到稳定期，刺激光合作用，抑制作用逐渐减弱。在后期阶段，藻细胞似乎对微塑料产生抵抗力，藻细胞的生长逐渐恢复。另外，在有些研究中也发现，随着微塑料浓度的增加，藻细胞的数量与对照组并没有出现显著差异，其原因可能是观察时间过短，藻细胞还处于对数期初期阶段。

2. 微塑料的粒径

颗粒大小是影响微塑料对微藻毒性的一个重要因素，当粒径为毫米级时，微塑料对海洋藻类的生长没有显著影响。有研究显示，即使是浓度高达2000mg，在直径约1mm的mPVC处理下，中肋骨条藻(S.co.statum)细胞密度与对照组没有显著差异·而用直径约1μm的mPVC处理时，1mg的低浓度mPVC即可导致藻细胞浓度与对照组有显著差异，藻细胞生长受到抑制。另一个研究也发现，小颗粒的mPS（直径约0.0SN，m)可明显抑制杜氏藻(Duualiellatertiolecta)的生长，而较大颗粒mPS（直径约6μm)对藻类没有显著影响。推测大颗粒的微塑料虽然会阻止光直接照射于藻类，但是光可以通过烧瓶透明壁作用于藻类，满足藻类的生长，而小颗粒的微囊藻可以稳定而均匀地存在于培养基中，与藻类相互作用产生毒性。Ma。等发现相较于在直径约为1N,m的PS,直径约为0.1μm的PS处理对C.pyreuoido.sa对光合作用电子传递的最大传递率有更大的抑制作用，最大抑制率几乎是1N，m微塑料的两倍，但最大抑制率往往较迟出现mPS对光合作用抑制作用达到最大值后会随着时间而降低，也就意味着更小粒径的微塑料对藻细胞的抑制作用时间更长。

随着粒径的减小，微塑料对微藻的抑制作用更加明显，但同样随着时间的增加，抑制作用将会减弱，藻细胞恢复生长。目前对水体中微塑料颗粒大小的测量是不精确的，对颗粒大小测量的不精确可能会影响对水体中藻细胞毒害效应的预测。

3. 微塑料颗粒的表面性质

微塑料和藻类之间的相互作用和物理损害可能是微塑料对藻类产生毒性的重要原因，因为微藻表面的特殊性，可以吸附大量的mPVC而限制了藻细胞与环境之间的能量与物质的转移，如果光和空气交换受阻，会阻碍藻细胞的光合作用，影响藻类的生长。Mao等在透射电子显微镜下对mPS处理下的小球藻的观察发现，对照组藻细胞呈现整体圆润状态，具有完整细胞壁和透明类囊体，并且有淀粉颗粒环绕淀粉核；而mPS处理下的藻细胞淀粉核无法精确区分，细胞壁从质膜上脱落，类囊体扭曲且不清晰，但在25d之后，细胞形态大多又恢复正常。研究者对微藻在后期毒性解除给出了3种可能的机制：第一种可能是细胞壁的增厚，有效阻止微塑料的侵入，从而避免细胞损伤；第二种可能是在微塑料的作用下，藻类之间会自发聚集(即群体效应)，会降低细胞的表面积和体积比，因此只能吸附更少的微塑料;第三种推测是微藻与微塑料的异质聚集会导致藻类的沉淀，许多藻类会产生多糖，特别是在高浓度或当他们受到光照和营养限制压力时，由于湍流胞外多糖可能会凝结成透明聚合物颗粒，由于多糖有足够的茹性，微藻与mPS之间的碰撞会导致细胞聚集，虽然这一过程会影响藻类的生长，但也间接地降低了微塑料的毒性。

近年来对于微塑料对微藻影响的研究涉及了多种类型的微塑料和多种藻属的藻类，但是对于不同类型的微塑料对同一藻属的影响或者是同一类型的微塑料对不同藻属的研究却比较少，有待更多、更详细的研究去揭示微塑料对藻类生态系统的效应。

第三章　水环境保护政策与法律法规

水环境保护政策

水是生命不可缺少的元素，也是经济社会发展不可或缺的基础性资源。然而，随着人口增长和经济发展，水环境污染问题日益严重，给人类健康和生态环境造成了巨大威胁。因此，水环境保护政策的制定和实施显得尤为重要。

水环境污染是指排入水体的污染物超过了水体的自净能力，从而影响水质，危害人类健康和生态环境。据统计，全球每年有数百万人因饮用水不洁而死亡，其中有很大一部分是因为水环境污染导致的。因此，水环境保护政策的制定和实施是非常必要的。

首先，水环境保护政策可以减少水体污染，保护水资源，保障人民健康和生态环境安全。其次，水环境保护政策可以促进经济发展，提高企业竞争力。最后，水环境保护政策可以推动全球可持续发展，保护地球家园。

一、水环境保护政策的必要性

水环境保护政策的必要性主要源于人类活动对水生态系统的负面影响。我国人口数量较多，这种影响可能严重影响水生态环境的可持续发展。例如，经济的发展，尤其是大规模的工业生产，必然要消耗大量的自然资源，同时产生大量的废弃物，废气、废水、废渣等废弃物排放到自然界中，造成了严重的环境问题。

为了解决这些问题，我们需要积极探索水生态环境保护与经济发展相协调的策略，研究水生态环境保护与经济发展之间的关系。这不仅有助于加强水生态环境保护，而且对经济发展有着直接意义。例如，通过科学技术的进步和生产方式的转变，尽量使工业生产过程降低资源消耗、减少污染排放；同时，采用科技手段，将废气、废水、废渣进行废物利用，不仅减少了环境污染，还能创造一定的效益。

此外，我们还需要保持化肥、农药的科学合理的用量，并不断创新科学办法，减少化肥、农药对环境和产品质量的消极影响。这些都是为了实现良性发展，使经济发展与环境保护这对矛盾由对立向统一转化。因此，水环境保护政策是极其必要的，它不仅可以保护我们的水生态环境，还可以推动经济发展，实现人与自然的和谐共生。

二、水环境保护政策的主要内容

1. 水资源保护政策

水资源保护政策是指通过采取技术措施和管理手段，保护水资源，防止水体污染，保障人民生活和经济发展的政策。具体包括：

(1)加强水资源管理，制定水资源保护规划，明确水资源保护目标。

(2)加强水污染防治，制定水污染防治规划，明确防治目标。

(3)加强水资源利用监管，建立健全水资源利用监管制度，规范水资源利用行为。

2. 水污染治理政策

水污染治理政策是指通过采取技术措施和管理手段，治理水污染，改善水质，保障人民生活和生态环境的政策。具体包括：

(1)加强水污染源治理，制定水污染源治理规划，明确治理目标。

(2)加强污水处理，制定污水处理规划，明确处理目标。

(3)加强水污染监管，建立健全水污染监管制度，规范水污染治理行为。

3. 水环境保护政策的效果评价

水环境保护政策的效果评价是指对水环境保护政策实施效果进行客观评价，及时发现和解决问题，不断改进政策实施效果的政策。具体包括：

(1)对水环境保护政策实施效果进行客观评价，及时发现和解决问题。

(2)对水环境保护政策实施效果进行量化分析，为政策制定和调整提供科学依据。

(3)对水环境保护政策实施效果进行社会评价，为政策制定和调整提供社会支持。

三、水环境保护政策的实施建议

水环境保护政策的实施建议包括以下几个方面：

加强政策宣传教育：通过各种媒体和渠道，如电视、广播、报纸、网络等，宣传水环境保护的重要性，提高公众的环保意识。同时，开展水资源保护科普活动，普及水资源保护知识，促进公众对水环境保护政策的了解和支持。

加强政策监管：建立完善的政策监管机制，加强对水环境保护政策的执行监督和评估。通过定期检查和抽查等方式，确保政策的有效实施，并及时发现和解决政策执行中的问题。

加强政策调整：水环境保护政策需要根据实际情况进行不断的调整和优化。政策制定部门应该密切关注经济社会发展趋势和环境变化，及时调整政策措施，确保政策的适应性和有效性。

加强政策合作：水环境保护需要各方的合作和共同努力。政府、企业、学术机构、社会团体等应该加强合作，共同推进水环境保护政策的制定和实施。同时，加强国际合作，分享水环境保护的经验和技术，推动全球水环境保护事业的发展。

总之，水环境保护政策的实施需要各方面的共同努力，需要政府、企业、社会团体和公众的共同参与。通过加强政策宣传教育、监管、调整和合作，可以有效地推进水环境保护政策的实施，保障人民健康和生态环境安全，促进经济社会的可持续发展。

四、坚持系统观念，构建水生态环境保护新格局

水润民心，泽被万物，水是生态环境的控制性要素，保护好水、利用好水，是关乎中华民族永续发展的千年大计。习近平总书记强调，要坚持山水林田湖草沙一体化保护和系统治理。流域是水资源产生、汇聚、利用的载体，水资源的开发保护要从流域层面出发，整体谋划，系统开展。做好流域水环境保护治理工作，要把握好全局和局部、当前和长远的关系。既要保持力度、延伸深度、拓宽广度，按照流域生态系统的整体性、系统性及其内在规律开展水污染防治和水生态保护修复；也要正确把握发展与保护的辩证关系，加强生态环境分区管控，加快调整优化经济结构，积极推动生产生活绿色化低碳化转型，实现流域生产发展、生活富裕、生态良好的发展之路。

做好新时期水环境保护治理工作，要全面统筹左右岸、上下游、地上地下、陆域海域、污染防治与生态保护，健全流域水生态环境管理体系，发挥好跨部门、跨区域协调机制作用，统筹推进流域内水污染治理、水生态修复、水生态环境质量监测预警、水质标准制定、保护补偿机制建设，强化水资源节约集约利用，协同推进降碳减污扩绿增长。

五、坚持问题导向，有力有效推进流域水环境保护治理

习近平总书记指出，每个时代总有属于它自己的问题，只要科学地认识、准确地把握、正确地解决这些问题，就能够把我们的社会不断推向前进。党的十八大以来，我们坚持绿水青山就是金山银山理念，全方位、全地域、全过程加强生态环境保护，污染防治攻坚向纵深推进，我国水生态环境保护发生了重大转折性变化，长江干流全线达到Ⅱ类水质，黄河干流全线达到Ⅲ类水质，2021年全国地表水水质优良断面比例上升至84.9%，比2012年提高23.3个百分点。但是也要看到，当前我国环境质量稳中向好的基础还不牢固，

从量变到质变的拐点还没有到来，正处在推动高水平保护与高质量发展协同并进的攻坚期，要突出问题意识、问题导向，把解决问题作为推动水环境保护治理再上新台阶的突破口。

做好新时期水环境保护治理工作，要充分认识到全国各流域的多样性，根据流域的自然条件、资源禀赋、污染结构等特点，以《规划》明确的各流域和流域内不同区域的保护治理重点为统领，突出重点，分类施策，精准治污、科学治污、依法治污，分区分类推进水土流失治理、流域重要生态空间管控、河湖湿地修复保护、生态缓冲区建设、水资源优化配置等重点工作，同时针对各流域生态功能定位开展水资源节约集约利用、饮用水水源地保护、尾矿库污染防治、石漠化综合治理、蓝藻水华防治等专项工作，多措并举推动全国水污染物排放总量持续减少，水生态环境持续改善，重要江河湖库湿地水生态系统功能加速恢复，尽快在“有河有水、有鱼有草、人水和谐”上实现突破。

六、聚焦重点流域，以高水平保护推动高质量发展

水是生存之本、发展之基、生态之要，世界经济社会发展水平最高、人口产业最密集的区域，往往集中在大江大河和重要湖泊沿岸，我国黄河、长江、珠江等大江大河沿岸，太湖、鄱阳湖、巢湖等重要湖泊周边地区也是区域乃至全国人口最密集、经济活力最高、创新能力最强的区域，人口经济集聚对水生态环境保护造成的结构性、区域性压力不容忽视。当前我国经济已由高速增长阶段转向高质量发展阶段。高质量发展是体现新发展理念的发展，是绿色发展成为普遍形态的发展。发展是硬道理，水则是倒逼发展质量提高的硬约束。开展流域水生态环境保护工作，要把保护治理任务放在国家区域发展总体战略全局中进行统筹谋划，以水环境保护治理为抓手，充分发挥生态环境保护的引领优化作用，加快推进流域经济结构优化、产业绿色低碳转型，不断提升经济社会发展的“含金量”“含绿量”。

做好新时期水环境保护治理工作，要以水而定，量水而行，推动流域合理优化产业结构和经济布局，科学调控流域开发强度，严格划定生态保护红线，不断提高流域生态环境承载能力与经济社会发展需要适应度。合理引导部分产业向流域外资源环境承载力高的区域转移，以科技创新为契机加速产业结构优化转型。大力倡导绿色生活方式，力争使绿色消费、绿色出行、绿色居住成为人们的自觉行动，将流域打造为高质量发展新高地。

七、以人民为中心，为人民群众提供更优美的生态环境

水是生命之源，也是文明之源，每一条河流、每一个湖泊都为百姓提供了景观价值、

游憩价值和文化价值，藏着每一个人的“乡愁”。大江大河更是中华文明延续文脉、传承优秀传统文化的重要媒介。保护好、治理好江河湖库，不仅是坚持以人民为中心的发展思想，提供更多优质生态产品以满足人民日益增长的优美生态环境需要的生动实践，更是站在中华民族历史发展的高度，为子孙后代留下美丽家园，赓续中华文脉的必然要求。

做好新时期水环境保护治理工作，要继续抓住老百姓身边的水环境突出问题，聚焦城市黑臭水体治理、排污口排查整治、“母亲河”“母亲湖”保护治理等关系百姓生活质量和生活环境的重要领域下大力气。天更蓝、山更绿、水更清、环境更优美，是民之所望、政之所向，《规划》针对百姓对美丽河湖的向往，将美丽中国水生态环境目标细化为“恢复‘有水’的河流数量”、“以重现土著鱼类为目标的水体数量”、“以重现土著水生植物为目标的水体数量”等指标，统筹安排饮用水水源水质安全保障、重要湖泊保护治理、美丽河湖保护与建设等重点任务，推动提升水环境生态环境品质，不断提升人民幸福感、获得感、满意感。

八、统筹发展与安全，切实防范水环境风险

全是发展的前提，发展是安全的保障，要坚持统筹发展和安全，实现高质量发展和高水平安全的良性互动。当前，中国特色社会主义进入新时代，我国发展站在了新的更高的历史起点上，党的二十大报告紧紧围绕推动绿色发展，促进人与自然和谐共生，对新时代新征程生态文明建设作出了重大决策部署，对深入推进重点流域水生态环境保护提出了新的更高的要求。同时，百年变局、全球气候变化等新的战略环境变化叠加，干旱、洪涝等极端气象事件更加广发、频发、强发、并发，经济运行企稳回升带来的人员集聚、产量增加、运输量增长造成污染排放量增加，都给维护水环境安全带来了新挑战。

做好新时期水环境保护治理工作，要坚持打好污染防治攻坚战的定力，牢固树立水环境风险防范意识，充分认清生态环境风险防控的重要性，做好水环境风险监测预警和防控工作，不断健全水环境风险防控与管理体系。《规划》要求以涉危险废物、涉重金属企业为重点，落实工业企业环境风险防范主体责任；以浙江、江苏、山东等地区化工基地及黄河流域宁东、陕北和鄂尔多斯等地区能源化工基地，长江干流及湘江、赣江、岷江、嘉陵江、涪江流域等化工园区及危险化学品码头为重点，强化环境风险防范；还对强化风险监测、风险评估和供应链管理，加强全过程、多层级风险防范体系建设，强化环境风险应急处置等作出部署，全面推动提升我国重点流域水环境风险防范水平。

总之，水环境保护政策是保障人民健康和生态环境安全的重要措施，也是促进经济发展和推动全球可持续发展的重要手段。因此，我们应该加强水环境保护政策的制定和实施，为人类和地球家园贡献力量。

水资源管理法律法规

水资源是地球上最为宝贵的资源之一，也是人类生存和发展的基础。然而，随着人口增长和经济发展，水资源面临着越来越大的压力和挑战。为了保护水资源，维护生态环境，各国纷纷出台了水资源管理法律法规。本节将就水资源管理法律法规进行探讨。

一、水资源管理法律法规的必要性

水资源管理法律法规是指国家为保护水资源，维护生态环境，制定的有关法律法规。随着人口增长和经济发展，水资源面临着越来越大的压力和挑战。而水资源管理法律法规的出台，旨在保护水资源，维护生态环境，促进经济社会的可持续发展。

1. 保障生态环境

1. 水政水资源管理的意义和方法

水是生态中不可或缺的组成部分，对于维护生态平衡具有重要作用。而通过科学合理地管理和利用水资源，可以有效地保护生态环境，避免因过度开采而引发的环境问题。

2. 维护社会稳定

水是人类社会发展所必需的基础设施之一。通过加强对水资源的管理和保护，可以保障人们正常生产、生活所需，并且避免由于缺乏或不公平分配而引起社会动荡。

3. 推动经济发展

合理利用和开发水资源，可以促进农业、工业、能源等各个领域的发展，并且为经济增长提供有力支撑。

2. 水政水资源管理的方法

1. 制定科学合理的水资源管理

制定科学合理的水资源管理是水政水资源管理的基础。应该从全局角度出发，综合考虑各种因素，制定出具体可行的管理措施。

2. 加强监管和执法

加强对水资源的监管和执法，严格行为，保护水资源不受污染和破坏。

3. 推广节约用水技术

推广节约用水技术，提高用水效率，减少浪费现象。同时也可以通过普及科学灌溉技术、改善农业生产方式等途径，实现可持续利用。

4. 建立信息公开机制

建立信息公开机制，加强对于水资源数据的收集、分析和发布。这样可以为各个部门提供科学参考依据，并且便于社会公众了解和监督部门的工作。

二、水资源管理法律法规的主要内容

1. 水资源保护法律法规

水资源保护法律法规是指国家为保护水资源，防止水体污染，制定的有关法律法规。主要包括《水法》、《水资源保护条例》等。这些法律法规对水资源的保护、治理、利用等方面做出了明确的规定，旨在保护水资源的可持续利用。

2. 水资源管理法律法规

水资源管理法律法规是指国家为加强水资源管理，规范水资源利用行为，制定的有关法律法规。主要包括《水资源管理条例》、《水资源费征收使用管理办法》等。这些法律法规对水资源的规划、分配、监测、使用等方面做出了明确的规定，旨在实现水资源的合理利用和有效管理。

3. 水资源污染防治法律法规

水资源污染防治法律法规是指国家为防治水体污染，改善水质，制定的有关法律法规。主要包括《水污染防治法》、《污水排放标准》等。这些法律法规对水体污染的防治、水环境质量的监测等方面做出了明确的规定，旨在保护水环境的安全和清洁。

三、水资源管理法律法规的实施措施

水资源管理法律法规的实施措施包括以下几个方面：

加强法律法规宣传教育：通过各种媒体和渠道，如电视、广播、报纸、网络等，宣传水资源管理法律法规的重要性，提高公众的环保意识。同时，开展水资源管理法律法规的普及活动，让公众了解法律法规的内容和意义，促进公众对法律法规的遵守和支持。

加强法律法规监管：建立完善的法律法规监管机制，加强对水资源管理法律法规的执行监督和评估。通过定期检查和抽查等方式，确保法律法规的有效实施，并及时发现和解决法律法规执行中的问题。

加强法律法规调整：水资源管理法律法规需要根据实际情况进行不断的调整和优化。政策制定部门应该密切关注经济社会发展趋势和环境变化，及时调整法律法规措施，确保法律法规的适应性和有效性。

加强法律法规合作：水资源管理需要各方的合作和共同努力。政府、企业、学术机构、社会团体等应该加强合作，共同推进水资源管理法律法规的实施。同时，加强国际合作，分享水资源管理的经验和技术，推动全球水资源管理事业的发展。

四、水资源管理的优化发展

水资源不仅是我国极为紧缺的资源之一，而且是我国所有资源之中浪费和污染极其严重的资源。因此，健全和完善水资源管理制度，实现对水资源的统一管理至关重要。通过对《水资源管理法律问题研究》一书主要内容的解读可以得知，当前我国水资源管理体制松散，相关法律法规效力重叠，层级不明确，这使得国家在水资源管理过程中不能正确运用法律，除此之外，地方行政单位之间、单位内部权责不明等问题同样制约着水资源的合理规划。因此，要想真正实现水资源的合理规划，就需要从法律维度阐释水资源管理制度，实现水资源管理优化发展。具体而言，需要从以下几个方面着手：

首先，实现水资源管理优化发展，最重要的就是要发挥主观能动性，积极作为，立足我国当前相关法律法规制度，促进水资源循环发展。同时，深入理解和掌握水资源保护的基本原则，在强化水资源保护意识的基础上，认真贯彻落实水资源保护的主要管理制度以及水资源保护的多种综合措施。一方面，水资源管理部门要进一步熟悉水资源管理体系的相关法律规定，认真作为，主动履职，严厉打击破坏、浪费、污染水资源的行为；另一方面，水资源管理部门及主体要善于在实践中探索，认真归纳水资源管理过程中发现的问题以及不足，为国家进一步完善水资源管理相关法律法规提供现实依据。

其次，实现水资源管理优化发展，需要在现有水资源管理法律法规的基础上不断完善。一方面，当前水资源管理相关法律法规已经不能完全适应当前的经济发展状况，因此在水资源法律法规制定中，需要进一步根据当前发展实际，将循环经济、低碳经济等多种理念纳入法律体系，并在科学论证的基础上深入研究，构建开源节流、循环发展的水资源管理法律体系。另一方面，在法律法规的完善中，需要针对薄弱环节重点突破。如在我国当前水资源管理中普遍存在消极作为、作为缺乏方向性的情况，导致我国虽然经济稳定发展，但是有关节水的法律法规并不完善，既缺少相关的节水制度，也没有合理的节水标准，在城乡规划建设中水资源利用率较低，污染率较高，而水资源的浪费和污染长时间不能得到整治，势必会严重制约社会经济的发展。

除此之外，在水资源管理中还要进一步强化水资源保护执法力度，不断提高行政执法人员的素质和能力，保障水资源管理主体在积极作为时既有力度，又有角度。

最后，实现水资源管理优化发展，需要多方主体联合发力，构建立体化的水资源管理制度。当前我国水资源管理制度不够健全，国家无法实现对水资源的全方位监管，如在对河流的分段管理中，不少管理主体出现互相扯皮、责任难以落实的现象，各部门之间分工也不够明确，水资源管理的信息共享机制不完善、不健全，导致管理出现交叉，互相推诿责任。因此，在水资源管理过程中，需要进一步明确相关主体的责任，从中央到地方实行分级管理、分级监督制度，避免出现地方保护主义，最终达到统筹规划的目的。水资源作为与群众生活密切相关的重要资源，需要在水资源管理过程中加强宣传教育，引入公众参与机制，保证群众监督举报渠道畅通。同时，在相关法律法规的建立、修改、废除过程中，要积极收集民意，听取民众意见，实现统筹管理、综合治理、科学管理水资源。

水资源管理法律法规的实施需要各方面的共同努力，需要政府、企业、社会团体和公众的共同参与。通过加强法律法规宣传教育、监管、调整和合作，可以有效地推进水资源管理法律法规的实施，保护水资源，维护生态环境，促进经济社会的可持续发展。

总之，水资源管理法律法规是保护水资源，维护生态环境，促进经济社会的可持续发展的重要措施。各国应该加强水资源管理法律法规的制定和实施，提高公众环保意识，加强监管和调整，实现水资源的合理利用和有效管理。只有这样，才能保护我们的水资源，维护我们的生态环境，实现可持续发展的目标。

水环境保护实践中存在的问题

水资源对人类生存、生活和生产具有非常重要的作用，称为生命之源，水资源是基础性的自然资源和战略性的经济资源，是生态与环境的控制性要素。

人类所能利用的水资源是有限的，并且受到污染的威胁。农业、工业和城市供水需求量的不断提高导致了有限的水资源的分配竞争。为了避免水危机，我们必须保护水资源，对供水和需水进行管理，减少污染对环境的影响。因此，合理开发利用和保护水资源，创造优美的水环境，是我国社会主义现代化建设中亟待解决的问题。

一、我国水资源保护的现状

我国是一个人口稠密、经济发达、水资源短缺、水生态环境脆弱的国家。随着环境污染和破坏的日益加剧以及人们环保意识的不断提高，我国环境保护工作逐渐得到更多人的重视，同时水资源保护也日益提上日程。

水是生命之源，水质的好坏直接关系到人类健康与否与经济发展水平的高低。水生态环境问题一度成为困扰我国发展的一大难题，然而随着国家近年来不断加大治理力度，水生态环境保护工作不断取得显著成效，特别是近十年来，我国水环境质量发生了转折性的变化。虽然我国的水生态环境治理取得了显著成效，但水生态环境保护面临的结构性、根源性、趋势性压力尚未根本缓解，与美丽中国建设目标要求仍有不小差距。

1. 地表水环境质量改善存在不平衡性和不协调性

工业和城市生活污染治理成效仍需巩固深化，全国城镇生活污水集中收集率仅为60%左右，农村生活污水治理率不足30%；城乡环境基础设施欠账仍然较多，特别是老城区、城中村以及城郊接合部等区域，污水收集能力不足，管网质量不高，大量污水处理厂进水污染物浓度偏低，汛期污水直排环境现象普遍存在，城市雨水管网成“下水道”，各类污染物在雨水管网“零存整取”。城乡面源污染防治瓶颈亟待突破，受种植业、养殖业等农业面源污染影响，汛期特别是6月至8月是全年水质相对较差的月份，长江流域、珠江流域、松花江流域和西南诸河氮磷上升为首要污染物。城市黑臭水体尚未实现长治久清，松花江、黄河和海河流域等仍存在不少劣Ⅴ类水体。

2. 水资源不均衡且高耗水发展方式尚未根本转变

我国人多水少，水资源时空分布不均，供需矛盾突出，部分水环境生态流量难以保障，河流断流、湖泊萎缩等问题依然严峻，成为当地生态环境顽疾。黄河、海河、淮河和辽河等流域水资源开发利用率远超40%的生态警戒线，京津冀地区汛期超过80%的河流存在干涸断流现象，干涸河道长度占比约1/4。作为高耗水行业的煤化工，全国80%的企业集中在黄河流域。2020年，我国农田灌溉水有效利用系数为0.565，万元国内生产总值用水量和万元工业增加值用水量为57.2立方米和32.9立方米，用水效率仍明显低于先进国家水平。

3. 水生态环境遭破坏现象较为普遍

流域水源涵养区、河湖水域及其缓冲带等重要生态空间过度开发，造成生态功能严重衰退、生物多样性丧失、湖泊蓝藻水华居高不下等一系列生态问题。全国各流域水生生物多样性降低趋势尚未得到有效遏制，长江上游受威胁鱼类种类较多，白鲟豚已功能性灭绝，江豚面临极危态势；黄河流域水生生物资源量减少，北方铜鱼、黄河雅罗鱼等常见经济鱼类分布范围急剧缩小，甚至成为濒危物种；2020年国控网监测的重点湖库中处于富营养化的湖库个数为32个，较2016年上升7个，太湖、巢湖、滇池等湖库蓝藻水华发生面积及频次居高不下。

4. 水生态环境安全风险依然存在

大量化工企业临水而建，长江经济带30%的环境风险企业离饮用水水源地周边较近，存在饮水安全隐患；因安全生产、化学品运输等引发的突发环境事件频发。河湖滩涂底泥的重金属累积性风险不容忽视，长江和珠江上中游的重金属矿场采选、冶炼等产业集中地区存在安全隐患。环境激素抗生素、微塑料等新污染物管控能力不足。

5. 治理体系和治理能力现代化水平与发展需求不匹配

我国发展仍然处于重要战略机遇期，新型工业化深入推进，城镇化率仍将处于快速增长区间，粮食安全仍需全面保障，工业、生活、农业等领域污染物排放压力持续增加。生态文明改革还需进一步深化，地上地下、陆海统筹协同增效的水生态环境治理体系亟待完善。水生态保护修复刚刚起步，监测预警等能力有待加强。水生态环境保护相关法律法规、标准规范仍需进一步完善，流域水生态环境管控体系需进一步健全。经济政策、科技支撑、宣传教育、能力建设等还需进一步加强。

二、我国水资源保护存在的问题

1. 水资源保护管理体制落后

在水资源保护方面，虽然我国已经出台许多排污标准和规范，有《水法》《水污染防治法》《环境保护法》以及各种排污标准和规范，但是针对性不强，而且由于各种原因不能严格执法，难以满足水资源保护工作的需要。尤其在20世纪末，我国的乡镇企业发展迅速，大量污水直接排放，造成了流域水源严重污染而目前水资源保护仅仅是从环境方面管理，没有从水资源方面治理，水利部门缺乏各种条例来保护水资源，从而形成多头管水、条块分割的局面。目前，我国“多龙治水”的水资源管理模式已经不能适应社会主义市场经济发展和可持续利用水资源的要求，必须进行改革。

2. 水资源保护意识不强

水资源是人类开发利用最为广泛、最易受人类活动影响的自然资源之一。我国用水浪费，大大加剧了全国水资源的供需矛盾。目前，多数用水单位或个人普遍存在浪费现象，水资源没有得到有效利用，此外在农业灌溉方面，大部分实行漫灌、漏渗，新的节水灌溉技术推广缓慢，水消耗大，用水效益较低。工业和城市生活用水仍然浪费严重，由于我国部分城市管理机制落后，工业生产设备陈旧，生产工艺落后，新兴技术产业在工业结构中所占比重低，大多数地区工业单位产品耗水率高于先进国家数倍，而水的重复利用率也很低。因此，随着未来城市规模的进一步扩大，城市生活节水对缓解城市供水矛盾更具有重大意义。

3. 水环境治理重视不够

近年来，我国经济发展迅速，但是由于对环境污染的治理力度不够，从而造成水环境的严重恶化。而且由于人口快速增长和工农业生产的发展，河流、湖泊、水库、地下水的水质也受到了严重的影响。目前，我国水环境治理领域存在的问题主要体现在经济发展的速度远远高于水污染治理的力度、污水治理的设施及配套设施投资不足、河湖水域的养殖业缺乏科学化管理、已建成的污水处理厂不适应新排放标准的要求等方面。

我国水资源保护对策

水资源保护是有针对性地采取经济法律行政和科学的手段，合理地安排水资源的开发利用，并对影响水资源的经济属性和生态属性的各种行为进行干预的活动，从而满足水资源可持续利用。近年来，我国水利事业发展迅速，有效地促进了经济发展和社会进步，取得了举世瞩目的成就。在对水资源进行开发利用治理的同时，注重水资源的节约和保护工作，基本形成了社会主义现代化建设相适应的水资源开发、利用、管理与保护体系。水资源的污染防治由依靠科学技术手段转变为技术与市场机制的结合；可持续利用与发展逐渐成为水资源开发利用的指导思想；形成了流域管理与行政区域管理相结合统一管理与分级管理相结合的水资源管理体制，充分体现了水资源对社会经济发展的积极作用。

1. 加强立法并完善水资源管理体制

为了有效地保护好水资源，水利部门应该尽快制定各种水资源管理的办法和条例，明确水利部门在水资源保护工作中地位、职责和权力，建立一个完善的水资源管理体系。

首先，以法律形式确立流域水资源保护机构地位，明确其实际管理权，加强流域机构的建设。其次，将水资源保护工作纳入市场经济的范畴，提高污水治理费，从经济方面减少水污染。最后，统一规划流域内水资源，保证流域的生态流量，以实现流域的环境质量目标为前提，用法律、经济、行政手段严格执行取水量、排污总量及相应的总量分解目标。

2. 确立全面保护水资源的思想

水资源保护的目的是要高效节约用水，防治水资源污染和水土流失，严格限制地下水超采，保护水源地免受不合理侵占，防止水流阻塞、海水入侵等。因此，应当统筹考虑水资源，制定有关法规，依法对水资源的开发、利用、节约保护进行统一管理，做到合理开发、科学利用、厉行节约、全面保护，使水资源的保护有法可依，有章可循。

3. 高度重视污水的治理

我国水资源严重紧缺，但是水资源浪费和污染也是非常惊人，要通过各种措施强调节约用水，包括调节水价、宣传教育、限额供水、开发新工艺、新材料加强水资源的利用等。此外，由于我国农业用水量大，而且大部分实行漫灌、漏渗，从而使水消耗量十分严重，应提倡喷灌或滴灌方式，同时输水渠道也要采取防漏渗措施。为了控制水污染的发展，应该建立城市污水处理系统，工业企业必须积极治理水污染，尤其是有毒污染物的排泄必须单独处理或预处理。首先将水源与废污水完全隔离，划定水源专用河流，不允许任何废污水排入，或者专门建造高架或地下管道输送饮用水源。其次，废污水必须经过处理达标后才能排入划定的河流或地下管渠，用作农作物灌溉。因此，加强污水的再利用，也是缓解水资源短缺的重要途径。

4. 加强水资源保护能力建设

首先，加强水资源保护的投资力度是加强水资源保护能力建设，增强管理水资源综合能力的重要保障。因此，各级政府应加大资金投放，尽快制定适当的法律法规和出台新的政策，利用行政、税收、金融等手段，吸引社会资金流入水资源保护领域。同时要加强水资源保护机构的能力建设，在逐步完善常规水质监测的基础上，大力提高水环境监测系统的机动能力、快速反应能力和自动测报能力。建立基于公用数据交换系统和卫星通信的水质信息网络，增强对突发性水污染事故预警、预报和防范能力。其次，进一步做好对从事水资源保护工作的技术人员的岗位培训，提高水资源保护队伍的整体素质。要依靠科技进步解决水源保护中的实际问题，提高保护工作的科技含量；要注重政策研究，特别是在资源保护中的经济政策，为水资源管理和保护提供指导。水资源保护是发展中的重要事业，要加强研究与开发，掌握新材料、新工艺、新技术，满足水资源可持续利用的需求。

（1）控制水污染

改善水生态环境，首先要从源头上控制污染。基于目前大量工业排放严重污染水体的问题，需对企业进行集中整治，要求分布在主要水体流域周围的工业企业减少排放量，且污水必须达标排放。同时要在工业废水的排放处安装监控，实时监督。对没有按照标准大量排放废物和废水的企业进行严厉处罚，加强新建项目要审批管理，提高如造纸业等污染物较多企业的审批门槛。

城镇居民的生活用水，要集中处理，禁止在河道周围堆放垃圾，控制生活污水直接入河。农村地区还要针对农业种植污染、水产养殖污染等问题进行治理。水产养殖应逐渐向生态渔业发展，减少向湖内投放的鱼饵、饲料等，收缩围栏网养殖面积，必要时需采取水生态环境修复手段。沿岸地区的农作物种植要科学施肥。禁止在河流周围焚烧秸秆。加强农村地区水体及河道保护举措的宣传，增强基层民众保护水生态的意识。多措并举，控制水污染进一步加重。

（2）加强水环境监测

保护水生态环境，时刻了解水生态修复的情况，发现问题，并对现有的保护和修复措施不断完善，提高保护效果。地方环境监测部门要负起责任，定期汇报环境监测的数据，对重点污染地区进行排查，举报非法排污的企业。

（3）启动湿地生态修复工程

天然湿地具有很强大的净化功能，能够拦截径流携带的泥沙和污染物，调节水量，是天然的水污染治理屏障。要启动湿地生态修复工程，包括在生态遭受严重破坏或者原水产养殖湖水区域种植和投放原生水生植物，逐渐建立和恢复水生态系统，构建更加复杂的水生生物食物网，增加水生态系统完整性。

（4）整治河道

针对河流中经常出现淤泥沉积、垃圾较多的现象，开展主要河道整治工作。整治河道要以左右两岸、上下游兼顾为原则，因地制宜，利用河道的季节性变化，适时开展清淤工作。对个别冲刷严重的河岸，要及时进行加固。尽量保持河岸及岸滩、江心洲、岸线等自然形态，维持河道两岸的行洪滩地，保留原有的湿地生态环境，减少由于工程对自然面貌和生态环境的破坏。可以利用河道周围的石块砌筑河岸，降低成本。

（5）保护水生物种

对于水生态环境破坏严重的区域，要加大对现有水生物种的保护力度。依法严厉惩治捕捞者。对搁浅、受伤的水生动物进行救治，在合适的时机放生。通过清理河道淤泥、垃圾及过度生长的水生植物，为水生动物提供适宜生存的环境。

（6）建立水生态环境保护责任制

保护和修复水生态环境，必须依靠各个部门的配合，将制度和标准层层地落实下去。必须执行目标责任制和责任追究制，加大监督力度。相关部门要保证水生态污染监测数据的准确性和真实性，对不作为或有重大失误的相关负责人，依规依纪依法进行追责问责。

四、总结

针对我国水资源的日益短缺以及水环境严重污染的问题，应从水资源的开发、利用保护和管理等各个环节上采取措施，完善对水资源的保护。既要努力提高水的有效利用率，又要积极开辟新水源，狠抓水的重复利用和再生利用，协调水资源开发与经济建设、生态环境之间的关系，加大水资源保护的投资力度，以促使水资源问题尽快解决。

水环境生态安全保障对策分析

保障水环境生态安全，有效提升水环境生态健康，维持良好的生态功能，是美丽中国建设目标的重要基础条件，对于全面建设社会主义现代化国家、实现中华民族伟大复兴具有重要意义。

一、水环境生态现状及问题分析

近年，随着水环境生态环境保护力度的加大，我国水环境生态环境恶化趋势在一定程度上得到遏制，质量明显改善。但受到自然地理特征、雨水情变异特点、水资源开发利用、生态环境及社会经济状况等综合因素影响，我国仍是一个水生态禀赋条件较差的国家，水环境生态环境恶化趋势尚未得到根本性扭转，水环境生态保护结构性、根源性压力尚未根本缓解，水生态环境依然呈现高风险态势，水环境生态新老问题相互交织。

二、水生态涵养空间和功能受损

我国水土保持工作整体向好，水土流失面积和强度持续呈现“双下降”态势。但受不合理的水土资源开发等因素影响，区域水土流失问题依然突出。根据中国水土保持公报，2021年全国水土流失面积为267.42万km^2，约占国土面积的27.86%，其中强烈及以上等级面积占水土流失总面积比例为18.93%。水土流失不仅造成土壤地力下降、生态环境恶化，而且导致江河湖库泥沙淤积，影响江河湖库调蓄功能。其中，西北黄土高原、西南岩溶区、东北黑土区、南方红壤区、北方风沙区等水土流失问题仍然是最主要的生态环境问题。

我国森林生态系统水资源涵养调蓄能力相对较弱。森林生态系统总体脆弱，天然林及原生林植被退化、人工林结构单一、森林质量较低等问题并存。自1999年以来，我国实施了两轮退耕还林还草，为人工林面积最大的国家，达7954.29万hm^2，约占天然林面积的57.36%。此外，我国森林资源中幼龄林面积占森林面积的60.94%。

同时，部分地区存在的人为束窄河道、侵占河湖水域空间、过度开发河湖资源等与水争地情况尚未发生根本好转。根据胡春宏研究成果，过去70年，全国约有250个湖泊面积萎缩，占湖泊总数的35%，萎缩面积1.28万km^2，占湖泊总面积的18%。江河湖库生态空间被大量挤占，导致局部区域生态环境明显恶化，显著降低了河湖防洪、调蓄等生态系统服务功能。

三、水环境生态系统退化问题突出

随着我国经济社会快速发展，经济社会活动对水资源需求激增，超越了区域水资源的天然承载能力，生态用水和经济用水矛盾突出，水环境生态用水被经济社会用水挤占，导致华北等地区河流断流、湖泊萎缩等问题严重。根据第二次全国水资源及其开发利用调查评价成果，黄河、海河、淮河、辽河等流域水资源开发利用率远超40%的生态警戒线，北方主要河流年均挤占河道内生态用水约132亿 m^3；2000年北方地区断流河段总长度7428km，其中，海河、辽河和西北诸河区等河流断流情况最为严重，京津冀地区即使汛期也有超过80%的河流存在干涸断流现象。

由于受多重因素耦合影响，河湖水力连通条件减弱，河流纵向连通性不断降低，径流时空分布变化显著，造成水文情势的变化及河流水系物理化学和地貌形态的改变，水生生物栖息地不断缩减、破坏乃至丧失，直接对水生生物多样性带来严重影响。根据第二次长江渔业资源与环境调查（2017—2021年），长江流域鱼类资源数量约为8.86亿尾，鱼类资源现存重量约为12.48万t，仅相当于20世纪50年代的27.3%、60年代的30.9%、80年代的58.7%，中华鲟、胭脂鱼等长江流域珍稀濒危物种自然种群数量已极低，部分物种已极度濒危。

四、水环境质量未得到根本改善

随着我国河湖系统治理持续深入，大江大河干流水质稳步改善，但面上河湖水污染形势依然严峻，个别支流水质较差，大型湖库富营养化加剧。根据中国生态环境状况公报，2021年全国河流地表水监测国考断面中，劣Ⅴ类水质断面占1.2%，主要污染指标为化学需氧量、高锰酸盐指数、总磷；开展水质监测的210个重要湖泊（水库）中，处于富营养状态的湖库占27.3%。城镇污水管网等基础设施欠账较多，特别是老城区、城中村以及城郊接合部等区域，污水收集处理率低、大量污染物进入城镇水体，导致部分城镇河段出现黑臭水体，县级城镇和农村地区尤为突出。据统计，2021年城市生活污水集中收集率仅为68.6%；91个县级城市排查出黑臭水体220条。

水环境生态环境依然呈现高风险态势，由于我国行业结构性、布局性环境风险突出等因素，重大突发水污染事件呈现出高度复杂性和不确定性。长江经济带30%的环境风险企业位于饮用水水源地周边5km范围内，因安全生产、化学品运输等引发的突发环境事件处于高发期。此外，河湖滩涂底泥的重金属累积性风险问题日益突出；环境激素、抗生素、微塑料等新污染物对水环境生态环境及人群健康存在较大风险，呈现出从局域向区域蔓延态势。

五、水环境生态安全保障的总体思路框架

针对新时期水环境生态突出问题，基于人水和谐、生态优先、绿色发展的指导理念，坚持尊重自然、顺应自然、保护自然，以维系水环境生态系统完整性与功能稳定性、打造健康优美生态水系为核心目标，有效发挥水作为基础支撑和控制性要素的引导约束作用，遵循水空间、水生态、水环境全要素覆盖，保护、治理、修复多措施并举，生态、环境、资源、景观、旅游多功能发挥的主线，立足于水环境生态环境问题和水环境生态功能定位，以流域为基本单元，以水系为脉络，突出流域特色，以保持水环境生态系统的原真性、完整性为统领，坚持自然恢复为主、人工修复为辅的导向，以统筹水生态空间均衡、水生态健康稳定、水环境质量良好的水环境生态系统保护修复为核心，构建水环境生态安全保障系统性复合型技术方法体系，构建功能完备、生物多样、健康稳定的水环境生态系统。

六、保障水环境生态安全的重要举措

基于美丽中国建设背景下水环境生态治理的总体思路，坚持问题导向和目标导向相统一，从水生态空间均衡、水生态健康稳定、水环境质量良好等方面，提出保障水环境生态安全的重要举措。

1. 多尺度水环境生态空间管控

合理确定水环境生态空间功能定位。在“多规合一”的框架下，衔接涉水空间规划，统筹相关规划的目标指标、空间布局等，综合分析、甄别水环境生态空间现状与特征，统筹考虑流域山水林田湖草沙等生态本底条件基础上，以河湖为骨架，合理确定河湖不同区段水体及滨水空间的功能定位，明确水环境生态空间开发强度和方式要求，促进经济社会发展布局与资源环境禀赋条件相匹配。

强化多尺度水环境生态空间协调。流域尺度上，结合流域综合规划对重要城镇的功能定位和流域防洪、水资源保护的管控要求，梳理确定流域水系的相互关系，综合考虑社会发展、生态环境保护、重要城镇防洪排涝需求和需水等要求，明确城镇水系在流域防洪体系建设和水资源供需系统定位，完善防洪排涝体系和水资源配置体系，推进城镇发展模式的优化与调整。区域尺度上，正确处理城市发展与城市水系的相互关系，系统开展区域水资源和水环境承载能力评价，强化水资源和水环境承载力约束作用，规范河湖空间开发秩序，形成节约水资源、保护水环境、涵养水生态的空间格局。

落实水环境生态空间用途管制。围绕河流湖泊等水域岸线空间，科学合理划定水环

境生态空间范围，制定水环境生态空间产业准入负面清单和准入政策。对于重要涉水生态功能区、涉水生态脆弱敏感区等，严格河湖水域岸线用地管理，禁止不符合功能定位的各类开发活动。其他涉水生态功能区，应强化建设开发的边界管控，控制建设用地规模，严控以城市建设、河湖治理等名义过度裁弯取直和侵占河道滩地。

优化城镇河湖水系空间布局。依据水系发育程度和骨干水系格局优化城镇河湖水系布局，除防洪保安的重大需求外，城镇肌理宜顺应水系，统筹处理好线状、带状、网状等多样化城市空间“图—底”关系，形成城市发展空间与城市水系互相依存、互相关联的人水和谐关系。倡导滨水空间土地的共享性和公平性，合理布局安排河湖滨水用地类型和分布，注重突出地域特色，提高滨水空间功能复合性与宜居性，构成有机、和谐、生态、美丽的城市滨水空间。遵循适度“留白”理念，预留合理的弹性滨水空间，以适应经济社会发展和生态环境保护需求的调整。

2. 多要素水环境生态功能提升

生态需水综合保障。结合流域生态保护和水资源开发利用状况，全面梳理流域重点生态功能区及主要生态保护对象，科学确定水环境生态流量控制断面；结合水环境生态保护对象的用水需求，统筹生活、生产和生态用水，严控区域水资源消耗总量和强度，合理确定河湖水系生态流量目标；在流域水资源配置格局框架体系内，将水环境生态流量纳入流域水资源统一调度，确保限制取水措施、水工程调度、河湖水系连通及生态补水、设置生态泄流和流量监控监测设施等生态需水保障措施落地实施。

河湖水系形态保护。维持和修复河流自然属性和河道形态，急流、缓流、弯道及浅滩相间的格局，深潭浅滩交错的形势，不宜过度人工裁弯取直，保持局部弯道、深潭、浅滩、江心洲、故道、洲滩湿地、河滨带等自然河流景观多样性格局特征，有效保障河道形态和结构空间异质性，维系生物栖息地，改善水环境生态状况，提高河湖水系美学价值。

河湖水系生态治理。强化“活水畅流”理念，通过河道贯通、疏拓、拆除功能不强的闸坝等措施，保持、恢复河湖水系连通性。在保证抗冲刷和稳定性的前提下，采用具有透水性和多孔性特征的生态型岸坡防护措施，强化河滨自然景观协调性。设置河流缓冲带，通过采取湿地、植被缓冲带等生物滞留设施，有效拦截、降解面源污染物。

重要生态功能区保护。系统调查河流珍稀水生生物重要栖息地的分布情况，划定一定范围的未开发天然生境保护河段，对特有、濒危、土著及重要水生生物进行保护，或在与已开发工程区相连的支流中选择适宜河段划出一定范围的限制开发水域，作为受开发影响的重要水生生物的替代生境予以保护。在重要水生生物繁殖、生长等生活史关键期，加强水资源调度，优化水库运行方式，保护重要水生生物繁殖所需水文条件。

3. 全过程河湖环境系统治理

严控污染物入河量。结合河湖水域功能定位及水环境功能区划等要求，合理确定河湖水系水质保护目标；在河流水文情势、水质状况分析的基础上，根据河湖水环境保护目标要求和总体布局方案，复核水环境功能区纳污能力；根据河湖纳污能力和污染物入河量，综合考虑水功能区水质状况、当地技术经济条件和经济社会发展，确定水功能区污染物入河控制量。

强化点源污染治理。按照水功能区水质管理目标及限制排污总量控制要求，对入河排污口布局进行统一规划，提出禁止、限制设置入河排污口的水域范围。

结合地形地势、风向、受纳水体位置与环境容量、再生利用需求、污泥处理处置出路及经济因素等，以及管网和用地现状，综合确定城市污水处理分区与系统布局，完善污水管网建设，优先解决已建设施污水收集、处理设施配套管网不足问题，强化黑臭水体沿岸的污水截流、收集；对经济规模较大、人口密集、排污集中、处理设施不完善的区域，提出新、改、扩建污水处理设施的措施建议。

系统治理面源污染。结合美丽乡村、清洁小流域建设，分区提出化肥农药减量及面源污染防治对策。采取生态沟渠、生态垃圾堆肥、田间垃圾收集、畜禽养殖废水与废物综合利用等措施削减农业面源污染物入河量。根据面源污染分布特点和产生机理，提出倡导绿色生活、节水减污，鼓励使用无害、低害洗涤用品，健全城镇生活垃圾处理体系等措施。有条件的地区应遵循低影响开发理念，采取下沉式绿地、植草沟、雨水湿地、透水铺装、多功能调蓄等生态措施，加强雨水集蓄利用和初雨污染控制。

污染水体综合治理。采用人工曝气、微生物修复、人工湿地、生态浮岛、水生态系统构建、生态滨岸带等措施改善河湖水质。根据底泥污染状况及污染物种类，可采用原位生物修复、原位掩蔽、污染物与疏浚物固相分离、清淤疏浚后卫生填埋等技术处理底泥，治理内源污染。

第四章　黄河流域水生态系统功能评价

湿地和水生态系统的重要性

黄河流域的湿地和水生态系统是该地区自然环境的重要组成部分，对于维护生物多样性、保障水源安全和促进社会经济发展具有深远的意义。

水资源保护：黄河湿地是黄河流域重要的水源地之一，对于保护水资源具有重要的作用。湿地能够吸收降雨和储蓄水资源，减少洪涝灾害的发生，同时也能提供清洁的水源，保障人们的生活需求。

生态平衡维护：黄河湿地是黄河流域生态系统的组成部分，对于维护整个流域的生态平衡具有重要的作用。湿地是许多野生动物的栖息地和迁徙通道，能够保护生物多样性和维护生态系统的稳定性。

气候调节：黄河湿地对于气候调节具有重要的作用。湿地能够吸收二氧化碳，释放氧气，能够减缓气候变化和应对气候变化的影响。

农业和经济发展：黄河湿地对于农业和经济发展具有重要的作用。湿地能够提供清洁的水源和优质的土壤，能够支持农业和渔业的发展，同时也能提供就业机会和经济效益。

文化遗产保护：黄河湿地还承载着丰富的文化遗产和历史遗产，能够保护文化和历史遗产，促进文化传承和发展。

黄河湿地和水生态系统对于维护黄河流域的生态平衡和人类福祉具有重要的作用，需要加强保护和管理，确保其可持续利用和健康发展。

一、黄河流域湿地的重要性

湿地是黄河水资源的重要赋存方式。按照《中华人民共和国湿地保护法》关于湿地的定义，河流、湖泊、水库都属于湿地，它们本身就是流域可以直接取用的水资源，是流域水资源的赋存方式。在黄河流域湿地中，河源区湿地是黄河水源的汇集地和蓄存地，是黄河水资源的重要来源。湿地对于河流生命的健康至关重要。黄河湿地生态系统对保护水源、净化水质和水土保持具有重要作用，不仅可以蓄水滞洪、调节气候、净化水体，还可以保护繁衍珍稀野生动植物，促进黄河生命长久健康发展。

1. 生物多样性的保障

黄河湿地是各种生物的栖息地，提供了丰富的食物和安全的繁殖环境。这里生活着许多珍稀濒危物种，如天鹅、丹顶鹤、白琵鹭等。湿地的存在对这些珍稀物种的生存和繁衍至关重要，也是维护生物多样性的关键因素。

湿地是黄河流域生态系统的有机组成部分。黄河流域湿地水资源丰富，气候湿润，滋养了千姿百态的动植物，形成独立的生态系统，同时，又与流域中分布的森林、草原、沙漠等生态系统一起构成了黄河流域整体的综合生态系统。位于河南省的三门峡库区湿地，目前生活其中的动物有450种、植物有1121种，其中黑鹳、大鸨、白头鹤、中华秋沙鸭属于国家Ⅰ级保护动物。这里还是大天鹅的理想家园，经过多年生态保护的实践，成果已逐渐显现，在此越冬的大天鹅数量从20世纪90年代的几十只、几百只，已增加到现在的上万只。

2. 水源安全的保障

黄河湿地具有很强的水源涵养能力。在雨季，湿地能够吸收过多的降雨，减轻洪水的压力，而在旱季，湿地又能释放水分，帮助缓解干旱。这种水源涵养功能对黄河流域的水源安全起到了重要的保障作用。同时，保护湿地也是维持黄河健康生命的重要措施。黄河流域的土地沙化、干支流断流、水污染严重等现象都与湿地生态环境恶化有关，若能采取措施促使湿地生态环境向良性方向发展，便能保证黄河健康生命的维持。另外，黄河流域湿地还具有支持并保护自然生态系统与生态过程的能力，主要包括调蓄洪水、补充地下水、水土保持、涵养水源、提供水源、调节气候等功能，以上功能对黄河健康具有重要意义。

客观来看，尽管我们在黄河流域湿地保护方面投入了大量的精力和时间，但黄河流域湿地依然面临着一些问题。黄河水资源过度开发利用是多年来亟需解决的重点问题。黄河水资源总量不到长江的7%，但随着经济社会的发展和人类活动强度的加大，开发利用率却高达80%，远超一般流域40%的生态警戒线，人均水资源占有量只是全国平均水平的。

3. 气候调节的助力

湿地是重要的碳汇，能够吸收大量的二氧化碳，减轻温室效应。同时，湿地中的植物通过光合作用，可以释放氧气，有助于改善空气质量。因此，黄河流域的湿地对于气候调节具有积极的作用。黄河流域年均降水量较少且季节分配不均，而区域内人口众多导致水资源不足及水体污染不断加剧。随着经济的发展，工业、农业和居民生活的废水、污水成为黄河流域水体的主要污染源。水体的高污染负荷、水污染处理效果不理想和水环境的低承载力，使得黄河流域水体的污染形势日益严峻。

湿地萎缩直接影响了黄河流域水资源补给，导致流域水源涵养、生物多样性保护等生态功能下降，进而威胁到黄河流域整体生态安全。同时，湿地斑块数增加、湿地破碎化程度升高等现象预示着湿地生态系统功能在下降。

湿地作为黄河流域生态系统的重要组成部分，对黄河的水资源调控、水体净化、水土保持和生物多样性维持起着重要的作用。黄河流域中的湿地生态系统是一个有机整体，面对当前湿地出现的问题，要充分考虑黄河上游、中游和下游流域湿地的差异，因地制宜地开展湿地生态保护，推进形成上游“中华水塔”稳固、中下游生态宜居的生态安全格局。

二、黄河流域水生态系统的重要性

1. 农业生产的保障

黄河流域的水生态系统为农田灌溉提供了重要的水源。黄河是黄河流域主要的水源，其支流和湖泊也补充了大量的水资源。这些水资源支持了小麦、玉米、大豆等农作物的种植，为保障国家粮食安全做出了重要贡献。

2. 工业发展的支持

黄河流域的水生态系统为沿岸城市的工业发展提供了必要的水资源。黄河上游的青海、甘肃、宁夏等省份的水资源主要用于农业灌溉，而下游的河南、山东、河北等省份则更多地用于工业生产。黄河流域的工厂依赖于这些水资源进行生产，为国家的工业化进程做出了重要贡献。

交通运输的纽带黄河流域拥有丰富的水路交通资源，从上游到下游，涵盖了黄河源头到入海口的全流域。黄河流域的水路运输为地区的物资流通、人员往来提供了便利的交通条件，促进了地区间的经济交流和发展。

三、保护黄河流域湿地和水生态系统的措施

尽管黄河流域的湿地和水生态系统具有重要的意义，但受到环境污染、过度开发、

气候变化等多种因素的影响，它们的健康状况不容乐观。为了保护黄河流域的湿地和水生态系统，我们需要采取以下措施：

加强湿地保护立法。应制定和完善湿地保护法规，为保护湿地提供法律支持。

实施湿地恢复工程。对于已经退化的湿地，应采取措施进行恢复，使其重新发挥生态功能。

推广水资源节约理念。在工农业生产和日常生活中，应倡导节约用水，避免浪费黄河流域宝贵的水资源。

加强水污染防治。应强化对水污染的防治，防止污染物进入湿地和水体，影响生态系统的健康。

促进生态补偿机制的建立。对于积极参与湿地和水生态系统保护的地区，应给予生态补偿，激励更多地区参与到保护工作中来。

总之，黄河流域的湿地和水生态系统对其自然环境、社会经济以及国家发展都具有重要意义。我们应当充分认识并保护这些资源，以实现黄河流域的可持续发展。科学谋划、合理布局对于黄河湿地保护尤为重要。2022年10月，国家林草局颁布了《全国湿地保护工程规划(2022-2030)》，在空间布局中专门划定了“黄河重点生态区”，以增强黄河流域湿地生态系统稳定性为主攻方向，上游提升湿地涵养水源能力，维护野生动植物栖息地及生境，中游以小流域为单元综合治理水土流失，加强水污染防治，下游强化河口滩涂退化湿地治理和保护恢复，维护生物多样性。科学的湿地保护布局为湿地生态保护提供了保障，有助于推动形成上中下游联动、东中西互济的黄河流域发展格局。

此外，国家还应加大对湿地保护的支持力度。“十三五”以来，中国在黄河流域安排财政资金20.18亿元人民币，实施了一批湿地生态效益补偿、退耕还湿、湿地保护与恢复、湿地保护奖励等补助项目。同时，在黄河流域安排中央预算内投资4.52亿元，实施湿地保护与修复工程14个。以上项目及工程的实施抢救性地保护了黄河流域内一批重要湿地，恢复了一批退化湿地，改善了黄河流域湿地生态状况，维护了区域生态安全。

湿地有机碳的分布格局及其影响因素

湿地是陆地生态系统的重要组成部分。全球现有湿地面积占陆地总面积的2%—6%，但是，储存在湿地泥炭中的碳总量为120—260 Pg，约占地球碳总量的15%。全球碳循环中，湿地生态系统作为全球生态系统的重要类型，其碳循环及碳收支的动态变化研究在全球碳收支平衡中扮演着重要角色（Duman et al.，2018）。湿地作为陆地生态系统最重要的碳库之一，虽然仅占陆地表面的6% 左右，但其土壤碳储量占陆地土壤总碳储量的10%—30%，其碳贮存能够消减大气日益增加的 CO_2，在稳定全球气候、减缓温室效应方面发挥着重要作用。然而，近年来由于气候变化和人类活动的干扰，湿地面积大幅度萎缩，其正常的生态系统碳循环过程也发生了巨大的变化。

目前已有的关于湿地方面的碳源 / 汇的研究尚无统一的总结。大部分的研究结果证明湿地生态系统是碳汇，但随着气候环境变化以及人类活动的影响，部分湿地呈现出碳源的现象。芦苇湿地作为世界上分布最广泛的湿地类型之一，在湿地碳收支的研究中占有重要的地位。已经开展的关于芦苇湿地的研究极少采用直接观测 CO_2 在大气和湿地之间的交换量，这就造成了无法定量分析 CO_2 交换量与环境因子之间变化的相关关系。随着涡度相关技术的发展，使得直接测定陆地生态系统与大气间的 CO_2 和水热通量成为可能。近年来，涡度相关技术已经成为直接测定大气与群落 CO_2 交换通量的主要方法，也是世界上 CO_2 和水热通量测定的标准方法，所观测的数据已经成为检验各种模型估算精度的最权威的资料。该方法已经得到微气象学家和生态学家的广泛认可，成为目前通量观测网络 F1UXNET 的主要技术手段，已经在世界范围内被广泛用来测量大气和地球表面碳、水、热通量的交换，用这种微气象学方法观测到的净生态系统 CO_2 交换能够为在生态系统尺度上了解光合、呼吸提供重要信息。

国外对湿地净生态系统 CO_2 交换的研究已有很多报道。中国的湿地生态系统碳收支研究主要集中在青藏高原的若尔盖高原草丛湿地、三江平原草丛湿地等河口和内陆湿地，但是对黄河三角洲湿地碳通量的研究相对较少。黄河三角洲地区湿地面积大，类型多，结构复杂，独特的自然地理位置和气候特征使该地区蕴藏着丰富的湿地资源，是世界上生物多样性最丰富的地区之一。由于自身的典型性和特殊性，加之地貌和人为作用，该地区发育了多种多样的湿地生态系统，成为陆 - 海相互作用研究的热点地区。前人对黄河三角洲湿地生态系统的研究主要集中在生态系统植物群落分布、生态系统演变以及人类活动的影响上，对湿地净生态系统 CO_2 交换（NEE）的研究还鲜有报道。为了更深入地了解黄河三角洲芦苇湿地碳的生物地球化学循环特征及其关键机制，本研究选取黄河三角洲芦苇湿地作为研究对象，结合涡度相关技术，利用长期的通量观测数据和生物量等野外监测数据，探讨生态系统尺度芦苇湿地净生态系统 CO_2 交换量的季节变异特征及其环境控制机制，希望能为区域的碳收支预算和为全球碳循环模型的进一步完善提供理论基础，为重新评价芦苇湿地对全球变化的贡献提供重要的科学依据。

一、材料与方法

1. 研究区概况

研究区位于黄河三角洲国家自然保护区（37° 40′ —38° 10′ N，118° 41′ —119° 16′ E）。该湿地自然保护区地处中国山东省东营市黄河入海口，总面积 15.3×104hm^2，是以保护黄河口新生湿地生态系统和珍稀濒危鸟类为主体的自然保护区。研究区四季分明，属北温带亚湿润气候区，年平均气温11.℃，年均降水量551.6.mm，无霜期196.d，年蒸发量为1962.mm。土壤类型为潮土、盐土和滨海盐土，土壤表层多以轻沙壤土和沙壤土为主。有机质含量一般在0.6%—1.0%之间，土壤pH值为7.6—8.。主要植被有芦苇（Phragmites australis）、穗状狐尾藻（Myriophyllum spicatum）、荻（Triarrhena sacchariflora）、蒲草（Typha angustifolia）、补血草（Limonium sinense）、翅碱蓬（Suaeda salsa）、柽柳（Tamarix chinensis）等，其中芦苇、翅碱蓬和柽柳分布较广（Strachan et al.，2015）。

2. 观测方法与数据处理

通量观测设备主要包括一套开路涡度相关系统和常规气象要素测量系统。涡度相关系统主要测量离地面4.5m高的CO_2通量、潜热和感热通量，由一个开路远红外CO_2/H_2O气体分析仪（IRGA，LI 7500，LI-COR Inc.NE，USA）和一个三维超声波测风仪（CSAT3，Campbell Scientific，MS，USA）组成。仪器采样频率为10 Hz，每半小时自动将平均值记录在数据采集器中（CR5000，Campbell Scientific）。

常规气象要素测量系统包括安装在离地面1.5.m的辐射测定仪（CNR-1，NY，USA）和光量子测定仪（LI190SB，Li-COR，Lincoln，NE，USA），用于测量净辐射和光合有效辐射。同时在离地面4.5.m处测量相对湿度（HMP45C，Vaisala，Woburn，MA，USA）和风速。土壤温度（地面以下0.05.0.10、0.20、0.5.1.0 m）、土壤热通量（0.05.m，HFP01，HUKESEFLUX，Delft，Netherlands），降水量等要素也同时监测。每半小时输出1组平均值记录在数据采集器中。

为了减少因观测引起的不确定性，我们对数据进行了质量控制和处理。利用涡度相关数据处理软件（Edire软件）对数据进行坐标轴旋转和WPL校正，以消除地形倾斜对通量计算的影响，同时也校正了由于空气水热传输引起的CO_2和水汽密度波动造成的通量计算误差。由于降雨、标定和仪器故障（如系统维护、电压不稳、断电等）等原因必然会造成数据缺失和一些异常点的出现。同时，较低的摩擦风速（v）和夜间低湍流也会低估系统的净CO_2交换速率。

3. 路径分析

本研究利用路径分析的方法来评价2017—2018年各个环境因子对CO_2通量的影响。路径分析已经被广泛用于评价多个环境变量对碳通量季节和年际动态的相对重要性。这种方法是一种增强型的多元回归分析，能够用来评价各个环境变量之间的相互关系及对碳通量的直接和间接影响程度。本研究主要关注3个环境因子（空气温度 ta、土壤温度 ts 和光合有效辐射 PAR）对芦苇湿地CO_2通量的影响。对于建立的模型，利用3个拟合度指数进行模型拟合度评估，若模型拟合度越高，则代表模型可用性越高，参数的估计越具有其涵义。3个拟合度指数分别为卡方统计量（x2）、基准化适合度指标（NFI，normed fit index）和比较适合度指标（CFI，comparative fit index）。其中，x2一般以卡方值P>0.05作为判断，意即模型具有良好的拟合度；NFI 和 CFI 越接近于1表示模型拟合度越好。路径分析的软件是 AMOS 20.0（Analysis of Moment Structures）。

二、结果与分析

1. 环境因子动态特征

研究期间，环境因子表现出明显的季节变化特征。2017—2018年平均空气温度与降雨量基本呈一致的变化趋势，随着月份的增加呈倒“V”型，其中6月和7月有所降低；两年的平均空气温度最高值在5月（21.3.℃）和8月（20.1℃），相对应降水量分别为86.mm和77.mm；最低气温出现在12月，为2.℃；最低降水量也出现在12月，为9 mm。2017—2018年平均降水主要集中在4—8月，占全年总降水的50%以上。

2. 生态系统碳交换（NEE）、生态系统总初级生产力（GPP）、生态系统呼吸（Rs）

2017年生态系统碳交换（NEE）变化范围在－0.4—－8.5.g•m－2•d－1（以CO_2计，下同）之间，生态系统总初级生产力（GPP）变化范围在－2.3—－17.9 g•m－2•d－1之间，生态系统呼吸（Rs）变化范围在1.9—－10.5.g•m－2•d－1之间。其中生态系统呼吸（Rs）随着月份的增加呈倒“V”型变化特征，在8月达到最高；生态系统碳交换（NEE）和生态系统总初级生产力（GPP）随着月份的增加呈“V”型变化特征，在8月达到最高。2018年不同月份生态系统碳交换（NEE）、生态系统总初级生产力（GPP）、生态系统呼吸（Rs）均高于2017年，局部有所差异，其变化趋势与2017年总体保持一致；其中生态系统呼吸（Rs）随着月份的增加呈倒“V”型变化特征，在8月达到最高；生态系统碳交换（NEE）和生态系统总初级生产力（GPP）随着月份的增加呈“V”型变化特征，在8月达到最高。

3. 净生态系统碳交换日变化特征

光合有效辐射（PAR）是控制光合作用的主要因素之一，因此PAR的大小也强烈影响

NEE 的大小。2017—2018年净生态系统碳交换（NEE）的日动态，其中相同时间2018年净生态系统碳交换（NEE）基本高于2017年。日出后（大约07：00）生态系统开始吸收CO_2，随着PAR的增加，光合作用逐渐增强，NEE逐渐由净排放（正值）转为净吸收（负值），固碳速率逐渐增大，大约在10：00达到CO_2吸收峰值。但随后随着PAR的继续增加，系统固碳速率开始逐渐降低。14：00左右生态系统固碳能力降低，出现“午休”现象。到午后15：00左右，生态系统固碳能力又开始增强，达到第2个CO_2吸收高峰，19：00左右NEE接近于0，生态系统开始向大气中排放CO。

4. 净生态系统碳交换季节动态特征

2017年NEEtotal变化范围在－0.4——8.5.g•m－2•d－1之间，NEEnight变化范围在－2.3——17.9 g•m－2•d－1之间，NEEday变化范围在1.9—10.5.g•m－2•d－1之间。其中NEEnight随着月份的增加呈倒“V”型变化特征，在8月达到最高；NEEtotal和NEEday随着月份的增加呈“V”型变化特征，在8月达到最高。2018年不同月份NEEnight、NEEtotal和NEEday均高于2017年，局部有所差异，其变化趋势与2017年总体保持一致；其中NEEnight随着月份的增加呈倒“V”型变化特征，在8月达到最高;NEEtotal和NEEday随着月份的增加呈“V”型变化特征,在8月达到最高。

三、分析与讨论

湿地净生态系统CO_2交换的年际变化可以反映特定生态系统的碳源／汇功效。由于生态系统覆盖的植被及气候环境的不同，各湿地生态系统的碳收支状况往往表现不一（Rankin et al.,2018)。在本研究中,2017年生态系统碳交换（NEE）变化范围在－0.4—8.5.g•m－2•d－1之间，生态系统总初级生产力（GPP）变化范围在－2.3—17.9 g•m－2•d－1之间，生态系统呼吸（Rs）变化范围在$CO_2$1.9—10.5.g•m－2•d－1之间。其中生态系统呼吸（Rs）随着月份的增加呈倒“V”型变化特征，在8月达到最高；生态系统碳交换（NEE）和生态系统总初级生产力（GPP）随着月份的增加呈“V”型变化特征，在8月达到最高。2018年不同月份生态系统碳交换（NEE）、生态系统总初级生产力（GPP）、生态系统呼吸（Rs）均高于2017年，局部有所差异，其变化趋势与2017年总体保持一致；黄河三角洲芦苇湿地和国外及国内芦苇湿地比较，其生态系统碳通量的大体特征一致，均为碳汇，然而其日动态值低于若尔盖高寒湿地和辽河三角洲芦苇湿地，故三角洲芦苇湿地碳汇功能弱于其它同类型的湿地系统，说明黄河三角洲是一个净固碳量相对较高的地区。与此同时，特定的生态系统可能由于降水格局等的改变而表现出碳源／汇的不确定性。

黄河三角洲芦苇湿地夏季由于高温、强光、低湿等环境条件引起部分气孔关闭，或光合作用被抑制，在14：00左右出现“午休”现象，时间晚于草原生态系统（例如内蒙古羊草草原08：00—10：00，青海湖草甸草原11：30—13：00）。植物光合作用过程中这种午间降低现象已被许多研究证实，是较为普遍的现象。而黄河三角洲芦苇湿地，由于其外在气候、地理环境条件及自身生理条件与草原生态系统的差异，导致其“午休”现象出现时间的推迟。从季节动态来看，由路径分析发现土壤温度是黄河三角洲芦苇湿地CO_2通量变化的主要影响因子，而降水量和PAR对CO_2通量的变化影响次之，这若尔盖高原高寒湿地的研究总结基本一致，认为PAR、温度和降水显著影响湿地生态系统的CO_2通量。其它湿地的研究也发现了温度在控制碳平衡中的重要性。而在高海拔或者高寒地区，昼夜温差以及温度的季节变化非常大，因此也成为控制CO_2通量的重要环境变量。然而，这些研究缺乏各个环境因子对CO_2通量相对重要性和贡献量的比较研究。本研究的路径分析则提供了一些新的信息，明确反映了温度及其它环境因子对湿地碳通量的直接影响、间接影响及影响程度。

四、总结

季节尺度上，芦苇湿地生长季具有明显的碳汇功能，生态系统呼吸（Rs）随着月份的增加呈倒“V”型变化特征，在8月达到最高；生态系统碳交换（NEE）和生态系统总初级生产力（GPP）随着月份的增加呈“V”型变化特征，在8月达到最高。2018年不同月份生态系统碳交换（NEE）、生态系统总初级生产力（GPP）、生态系统呼吸（Rs）均高于2017年，局部有所差异，其变化趋势与2017年总体保持一致。在日尺度上，2017—2018年芦苇湿地NEE日变化特征表现为两个CO_2吸收高峰，分别出现在11：00和16：00左右，其特点是在午间出现了碳交换通量的降低，CO_2排放的日最大值两个生长季均出现在8月。

2017年NEEnight随着月份的增加呈倒“V”型变化特征，在8月达到最高；而NEEtotal和NEEday随着月份的增加呈“V”型变化特征，在8月达到最高；2018年不同月份NEEnight、NEEtotal和NEEday均高于2017年，局部有所差异，其变化趋势与2017年总体保持一致。

回归分析显示生态系统的CO_2交换受到光合有效辐射（PAR）、土壤温度（ts）和土壤体积含水量（Ta）的共同影响，生长季NEE通量与5.cm土壤温度和土壤湿度呈显著或极显著的指数关系（$P<0.05$，$P<0.01$），同时生长季NEE通量与5.cm土壤温度和土壤湿度的R2均高于NEE通量与10 cm土壤温度和土壤湿度的R2，由此说明5.cm土壤温度和湿度能够更好的指示NEE通量的变化。

从季节动态来看，路径分析发现土壤温度是黄河三角洲芦苇湿地CO_2通量变化的主要影响因子，而降水量和PAR对CO_2通量的变化影响次之，在高海拔或者高寒地区，昼夜温差以及温度的季节变化非常大，因此也成为控制 CO_2 通量的重要环境变量。然而，这些研究缺乏各个环境因子对 CO_2 通量相对重要性和贡献量的比较研究。

黄河流域水生态系统评估方法

黄河流域的湿地和水生态系统是该地区自然环境的重要组成部分，对于维护生物多样性、保障水源安全和促进社会经济发展具有深远的意义。

一、黄河流域水生态系统评估的目的和意义

黄河流域水生态系统评估的目的是通过对水生态系统进行全面、客观、科学的评估，揭示黄河流域水生态系统的现状、问题及其原因，提出相应的对策措施，为黄河流域水资源管理和保护提供科学依据。评估的意义在于：

第一，掌握黄河流域水生态系统的现状，为水资源管理和保护提供基础数据和信息。

第二，揭示黄河流域水生态系统的问题和矛盾，为制定水资源管理和保护政策提供依据。

第三，评估各项水资源管理和保护措施的效果，为进一步完善管理和保护措施提供参考。

第四，提高公众对水资源管理和保护的意识和重视，促进全社会共同参与水资源保护。

二、黄河流域水生态系统评估的方法

1. 水生态系统状态评估

水生态系统状态评估是通过水生态系统中的生物、非生物和环境因素的状态来评估水生态系统的健康状况。评估指标包括水质、水量、生物群落、底质、水生植被等。黄河上游地区生态系统质量和生态系统服务总体保持稳定或改善，生态恢复程度中等、强烈和极为改善的地区分别占整个黄河上游地区的32.9%、21.0%和2.8%。生态恢复程度明显改善和极为改善的地区主要分布在黄土高原沟壑区和河套平原东部。此外，黄河上游地区的生态系统得到了显著改善和恢复，森林植被覆盖率和草原植被覆盖率分别为14.4%和23.0%。因此，可以认为黄河流域水生态系统状态总体上处于稳定或改善状态。

2. 水资源量评估

水资源量评估是通过测量地表水和地下水的总水量来评估水资源的情况。评估指标包括地表水径流量、地下水可开采量、水资源总量等。

黄河流域的水资源量是一个动态的数值，受到多种因素的影响，包括降雨量、融雪量、冰川储量、地下水储量等。根据不同的评估方法和技术手段，以及对水资源量的定义和评估范围的不同，得出的结果也可能有所不同。

根据2016年的数据，黄河流域的平均年径流量为659亿立方米，其中地表水资源量为659亿立方米，地下水资源量为399亿立方米。同时，黄河流域的人均水资源量为905立方米，亩均水资源量为381立方米，分别是全国人均和亩均水资源量的三分之一和五分之一。

总的来说，黄河流域的水资源量相对较为丰富，但由于人口众多和经济发展等原因，黄河的水资源也面临着一些挑战和问题，需要采取合理的管理和保护措施，以确保黄河流域的可持续发展。

3. 水环境质量评估

水环境质量评估是通过测量水体中的物理、化学和生物因素来评估水环境的质量。评估指标包括水温、水位、流速、水质等。

黄河流域的水环境质量评估包括多个方面，如物理水质、化学水质、生态水质等。其中，物理水质是指水体的物理特征，如水温、色度、透明度等；化学水质是指水体中各种化学物质的含量和分布，如溶解氧、氨氮、总磷等；生态水质是指水体中对生态系统健康和稳定有影响的各种因素，如水生生物种类、数量和水体底质等。

根据2018年的数据，黄河流域的干流水质总体上较好，大部分断面水质为Ⅲ类或Ⅳ类，但部分断面存在超Ⅴ类或劣Ⅴ类水质的情况。黄河流域的支流水质较差，大部分支流存在超标污染物的情况，如氨氮、总磷等。

此外，黄河流域的生态水质总体上较差，部分水生生物种类和数量减少，水体底质污染严重。同时，黄河流域的流域管理也存在一些问题和挑战，如水资源管理不到位、污染源治理不够彻底等。总的来说，黄河流域的水环境质量评估结果不容乐观，需要采取更加有效的管理和保护措施，包括加强水资源管理、深化污染源治理、加强生态保护等，以保障黄河流域的可持续发展和生态环境改善。

4. 水生态系统服务功能评估

水生态系统服务功能评估是通过评估水生态系统的生态服务功能来评估水生态系统的重要性。评估指标包括水源涵养、土壤保持、生物多样性保护等。

黄河流域的水生态系统服务功能包括多个方面，如生态保护、水资源供给、洪水调节等。其中，生态保护是指保护和恢复生态系统，维持生物多样性、栖息地和生态过程等；水资源供给是指提供清洁的水资源，满足人民生活和经济发展的需要；洪水调节是指通过水利工程等手段，调节河流洪水，减轻洪灾损失等。

根据多项研究和分析，黄河流域的水生态系统服务功能总体上较好，但也存在一些问题和挑战。例如，黄河流域的生态系统服务功能价值随着时间和空间的变化而有所不同，部分区域的服务功能价值较高，部分区域的服务功能价值较低。此外，黄河流域的水资源供给和洪水调节等方面也存在着不平衡和不协调的问题，需要加强管理和保护。

总的来说，黄河流域的水生态系统服务功能评估结果较好，但需要继续加强管理和保护，保障生态系统服务功能的充分发挥和可持续性。

5. 水资源管理评估

水资源管理评估是通过评估水资源管理的效果来评估水资源管理的水平。评估指标包括水资源规划、水资源保护、水资源利用等。

黄河流域的水资源管理评估包括多个方面，如水资源规划、水资源分配、水资源保护等。其中，水资源规划是指根据流域内的水资源状况、社会经济发展需求和生态环境保护要求，制定合理的水资源开发利用规划和措施；水资源分配是指根据各地的水资源需求和优先程度，将水资源合理分配给各地；水资源保护是指采取各种措施，保护水资源的质量和数量，防止水污染和不合理利用。

根据多项研究和评估，黄河流域的水资源管理存在一些问题和挑战。例如，黄河流域的水资源分配不平衡，部分地区的水资源过度利用和浪费，部分地区的水资源缺乏和不足。此外，黄河流域的水资源保护存在较大难度，水污染和不合理利用等问题较为突出。

总的来说，黄河流域的水资源管理评估结果较好，但需要继续加强管理和保护，保障水资源的合理利用和可持续性。

三、黄河流域水生态系统评估的实践

1. 数据采集和处理

黄河流域水生态系统评估需要通过实地调查和数据采集来获取基础数据。数据采集包括水文观测、水质监测、生物调查等。采集到的数据需要进行处理和分析，以得出评估总结。

2. 评估指标权重确定

评估指标的权重确定是评估过程中的重要环节。权重确定需要考虑指标的重要性和影响力，可以采用专家打分、层次分析等方法来确定权重。

3. 评估结果分析和报告编写

评估结果分析是评估过程中的核心环节。分析结果需要充分反映黄河流域水生态系统的情况和问题，并需要进行比较和综合分析。报告编写需要清晰、客观地描述评估结果，并提出相应的对策措施和建议。

四、总结

黄河流域水生态系统评估是黄河流域水资源管理和保护的重要手段。通过评估，可以全面、客观、科学地反映黄河流域水生态系统的情况和问题，为水资源管理和保护提供科学依据。同时，评估也可以提高公众对水资源管理和保护的意识和重视，促进全社会共同参与水资源保护。因此，黄河流域水生态系统评估具有重要意义，需要不断加强和完善评估工作。

黄河流域生态系统功能评价结果

水资源生态经济系统是指在一定的区域范围内，以水资源开发利用和保护活动为主体的水资源生态系统和社会经济系统相互作用、相互结合而成的具有一定结构和功能的有机整体。近年来随着社会经济的快速发展，水资源供需矛盾日益突出，水资源短缺问题已经越来越严重。由于水资源系统可持续性受生态、社会、经济等的影响，因此一般将水资源生态系统和社会经济系统有机结合以综合评估水资源可持续发展状态。

黄河流域生态系统是一个复杂的生态系统，包括湿地、森林、草原、山地等多种生态系统，具有重要的生态功能和社会经济价值。

研究水资源系统可持续发展状态的方法主要包括层次分析法、熵权法、模糊数学法、灰色聚类评价法、系统动力学模型等。如 Pandey 等从社会、生态、经济等方面出发，评估了尼泊尔流域水资源系统适应性能力；Chen 等应用模糊综合评价法对区域水资源系统可持续发展状态进行了评价；Zhang 等建立了水资源、水环境和水生态特征等动态评价指标体系，评估了湘江流域岳塘区的水资源系统可持续状态在时间上的变化趋势。目前的相关研究均以水资源系统为研究对象，对水资源系统和社会经济系统的相互作用考虑不足，且在指标量化过程中，面临着系统内不同量纲的值不能相互比较的问题，导致无法衡量资源投入对社会经济发展的贡献，限制了水资源生态经济系统可持续发展能力评价的有效性。

随着国家西部大开发、中部崛起、“一带一路”等倡议的推进，黄河流域各省区产业布局加快，水资源需求强烈，用水增长迅速。黄河流域中游黄土高原地区水土流失严重导致水环境恶化，严重影响到水资源的开发利用，黄河流域水资源可持续发展状态已成为当下研究的热点和难点问题。

一、黄河流域生态系统的生态功能

1. 湿地生态系统

黄河流域湿地是一个重要的生态系统，包括河流湿地、湖泊湿地和人工湿地等。湿地具有多种生态功能，如调节水分、控制洪水、保护生物多样性等。湿地还是各种鸟类和动物的栖息地，对于维护生态平衡和生物多样性具有重要意义。

2. 森林生态系统

黄河流域的森林生态系统包括针叶林、阔叶林和混交林等，具有重要的生态功能，如调节气候、保持水土、净化空气等。森林还是各种植物和动物的栖息地，对于维护生态平衡和生物多样性具有重要意义。

3. 草原生态系统

黄河流域的草原生态系统是一个广袤的生态系统，包括草甸草原、荒漠草原和高山草原等。草原具有多种生态功能，如调节气候、保持水土、提供草料等。草原还是各种动物和微生物的栖息地，对于维护生态平衡和生物多样性具有重要意义。

4. 山地生态系统

黄河流域的山地生态系统包括高原、山地和丘陵等，具有重要的生态功能，如调节气候、提供水源、保持水土等。山地还是各种植物和动物的栖息地，对于维护生态平衡和生物多样性具有重要意义。

二、黄河流域生态系统的环境问题

1. 水土流失

黄河流域由于过度开垦、过度放牧和工业污染等原因，导致严重的水土流失，影响了生态系统的健康和稳定。水土流失会导致土壤肥力下降、土地荒漠化、河流淤积等问题，对农业生产和社会发展造成了严重影响。

2. 水资源短缺

黄河流域由于人口增长和经济发展，出现了严重的水资源短缺问题。水资源短缺会导致农业生产受阻、工业生产受限、居民生活受到影响等问题，是黄河流域社会发展面临的重大挑战。

3. 生态破坏

黄河流域由于过度开发、过度捕捞和环境污染等原因，出现了严重的生态破坏问题。生态破坏会导致生物多样性下降、生态系统功能退化、海洋生态系统受损等问题，对生态环境和人类社会造成了严重影响。

三、黄河流域生态系统功能评价结果

通过对黄河流域生态系统的评价，发现黄河流域生态系统功能存在以下问题：

①水土流失严重，影响了生态系统的健康和稳定。

②水资源短缺，导致了社会发展和生态环境的问题。

③生态破坏严重，导致了生物多样性下降和生态系统功能退化等问题。

针对这些问题，需要采取以下措施：

①加强水土保持，减少水土流失，提高土壤肥力和质量。

②加强水资源管理，合理分配水资源，提高水资源利用效率。

③加强生态环境保护，减少环境污染和生态破坏，保护生物多样性和生态系统功能。

水资源生态经济系统可持续发展的能值指标是在能值分析表的基础上，结合区域水资源生态经济系统的结构和功能，计算出的一系列反映系统开发水平和可持续发展状况的能值指标，从而全面分析区域水资源开发利用程度，为水资源可持续利用提供科学依据和决策支持。常用的能值指标有系统能值流指标、经济发展能值指标、水资源能值指标和可持续能值评价指标。参考国内外水资源生态经济系统可持续发展评价的指标体系，根据黄河流域水资源生态经济系统的特点，利用能值分析方法，构建黄河流域水资源生态经济系统可持续发展评价指标体系。

在系统的能值流指标中，系统的能值投入比例可以反映区域经济发展主要驱动力，同时系统总能值的输入和产出代表了区域的经济发展水平。系统能值流指标选取可更新资源能值、不可更新资源能值、反馈输入能值、系统总投入能值和系统总产出能值5个具体指标。

在经济发展能值评价指标中，能值投资率是社会经济反馈输入能值与自然环境投入能值（可更新资源能值和不可更新资源能值之和）之比，是衡量经济发展程度和环境负载程度的指标，其值越大，表明系统的经济发展程度越高。净能值产出率是衡量系统产出对经济贡献大小的指标，净能值的产出率越大，表明系统的能值利用效率越高。能值货币比率是指系统内年投入总能值与当年的GDP的比值，用来反映一个区域的现代化水平。

通常情况下，能值货币比率越低，表示每单位货币所能购买的能值越少，说明该区域对自然资源的依赖较小，区域的现代化水平越高。因此，本节经济发展能值评价指标选取了能值投资率、能值货币比率和净能值产出率3个指标。

四、评价指标体系的构建

水资源能值评价指标中，年用水能值反映当地水资源的投入量，而水资源能值贡献率指系统用水资源能值与系统总投入能值的比值，用来反映区域水资源对经济系统发展的贡献程度。水资源能值贡献率越高，表明水资源对经济发展的贡献程度越大。水资源能值利用强度指单位面积上消耗的水资源的能值，主要用来评价一个区域的经济发展过程中对资源的利用效率，水资源能值利用强度越高的地区，区域的水资源利用效率越高。因此，水资源能值评价指标选取了年用水能值、水资源能值贡献率，水资源能值利用强度3个指标。

环境负载率是系统不可更新资源投入能值总量与可更新资源投入能值总量之比，可以反映经济系统的环境压力的指数，环境负载率越小表明系统承受的环境压力就越小。可持续发展指数（ESI）是考察系统可持续性的能值指标，可持续发展指数小于1表示系统长期不可持续，在［1，10）之间表示系统富有活力和发展潜力，大于或等于10表示系统经济不发达。因此，可持续发展能值评价指标选取环境负载率和可持续发展指数2个指标。

1. 系统能值流分析

黄河流域各省区的能值投入以不可更新资源能值为主，黄河流域的各省区的经济发展主要依赖于不可更新能源的消耗，在黄河流域，尤其是上游地区对不可更新资源的依赖性更强，黄河流域整体属于资源消耗型生态经济模式，还应加大风能和太阳能等可更新资源的利用。同时黄河流域下游的河南和山东两省的反馈输入能值比例分别达到30.10%和32.43%，说明这两省的外商投资和进口等能值输入对区域经济发展贡献比较明显，但是黄河上游青海对反馈输入能值的依赖性仅有5.29%，还需要增加外部资源的开发利用力度。

总体来说黄河流域从上游到下游单位面积总能值投入逐渐变大，其中由于面积的影响，内蒙古的单位面积总能值投入要低于甘肃和宁夏，说明黄河上游经济发展水平偏低，而黄河下游尤其是山东和河南的经济发展水平较高，这与各省区的GDP基本一致，也说明能值流分析方法在社会经济系统中的有效性。

2. 经济发展能值评价指标分析

黄河流域能值投资率山东、山西和河南较高，这3省的经济发展程度很高，其次是陕西和内蒙古，最后是甘肃、宁夏和青海。结合不同形式能值投入比例可以看出，甘肃、宁夏和青海3省区的社会经济系统主要依靠不可更新资源的投入，其能值投资率都较低，因此，还需要利用有利资源，加大可更新资源或反馈输入能值的投入，促进经济发展。净能值产出率河南最高，说明河南对能值利用的效率最高，系统对经济的贡献最大；净能值产出率宁夏最低，说明宁夏资源产生的效益较低，这主要与其产业结构有关，还需要优化产业结构，进一步提高资源利用的效率。对于能值货币比率来说，青海最高，宁夏次之，表明青海和宁夏每单位货币所能购买的能值较多，对自然资源的依赖相对较大，结果与系统能值流结果分析一致。能值货币比率山东最低，说明山东的经济系统发达程度较高，需要投入高能值的科技来提高资源的综合效益。

3. 水资源能值评价指标分析

水资源能值评价3个指标中，年用水能值与流域综合管理和分水有关，本节主要讨论黄河流域各省的水资源能值贡献率和水资源能值利用强度两个指标。

在黄河流域，内蒙古的水资源能值贡献率最大，为4.91%，其次是宁夏，表明水资源对内蒙古和宁夏的经济发展贡献较大，主要原因为宁蒙灌区中，农业生产对水资源的依赖性较强，水资源对经济贡献较大。水资源能值贡献率青海和甘肃较低，说明水资源对经济贡献较小，可以适当节水。水资源能值贡献率的大小对黄河流域水量动态调整和生态补偿也可提供参考。水资源能值利用强度山东和河南较高，说明经济发展比较好的地区对水资源的利用效率也较高，青海和甘肃则需要提高水资源利用效率，或者在水资源配置中，可以考虑减少供水量。需要指出的是，宁夏的水资源能值利用强度为29.30×1016sej/m^2，较内蒙古和甘肃都高，说明宁夏对水资源的利用效率也较高。

4. 可持续发展能值评价指标分析

对于环境负载率来说，山东、山西和河南3省较大，这表明3省较其他省区环境系统压力更大，这与3省的能值投资率较大一致，最主要原因是3省的发展水平较高，未来需要加大可更新资源的投入，促进生态经济系统可持续发展；环境负载率最低的是宁夏，表明宁夏环境系统压力相对较小。由各省区的可持续发展指数可以看出，宁夏和青海不可持续状态较好，均超过1，生态经济系统具有一定的活力；其他省区的可持续指数均低于1，说明其区域生态经济系统处于不可持续状态。

区域的生态经济系统可持续发展能力受环境负载率的影响，与可更新资源的投入密切相关，因此要想保证一个区域具有较强的可持续发展能力，需要利用更多的可更新资源，大力发展太阳能、风能、水电和核能等清洁能源，使低能值的可更新资源与高能值的不可更新资源匹配，同时可适当加大反馈能源的投入，减轻不可更新资源的投入，以实现区域的生态经济系统可持续发展。另外河南、山东等省区的水资源利用强度较大，也加大了环境压力，提高了环境负载率，在发展过程中，还需要注重提高水资源在社会经济系统中的贡献率，通过水资源优化配置、调整产业结构等措施提高水资源在社会经济系统中的贡献率。

总之，黄河流域生态系统是一个复杂的生态系统，具有重要的生态功能和社会经济价值。通过对黄河流域生态系统的评价，可以发现存在的问题和矛盾，采取相应的措施，保护生态系统的健康和稳定，促进社会经济的可持续发展。

黄河流域水生态系统的功能和意义

水生态系统是黄河流域生态系统的重要组成部分，对维持流域水资源安全、生物多样性、气候调节、防洪减灾等具有重要作用。本节旨在介绍水生态系统功能的定义和分类，分析黄河流域水生态系统功能的特点和价值，为黄河流域水生态系统保护与修复提供科学依据和技术支撑。

一、水生态系统功能的定义和分类

水生态系统功能是指水生态系统在自然过程中所发挥的作用和效益，包括对物质循环、能量流动、生物多样性维持等自然过程的调节作用，以及对人类社会经济活动所提供的服务和价值。水生态系统功能可以分为两大类：自然功能和人文功能。

1. 自然功能

自然功能是指水生态系统对自然界各种过程的调节作用，主要包括以下几个方面：

（1）水文功能

水生态系统通过蒸发、降水、径流、渗漏等过程，参与地球水循环，影响流域水量、水质、水时空分布等。例如，湿地可以增加地表蒸散发量，改善局部气候；河流可以输送泥沙和营养盐，维持下游河道和三角洲形态；湖泊可以调节径流波动，缓解洪涝干旱。

（2）碳循环功能

水生态系统通过光合作用、呼吸作用、有机物分解等过程，参与全球碳循环，影响大气中二氧化碳浓度和温室效应。例如，海洋可以吸收大气中的二氧化碳，并将其转化为有机碳或无机碳储存在海底；湿地可以固定大量有机碳，并将其长期储存在土壤中；河流可以输送陆源有机碳到海洋，并促进其降解或沉积。

（3）氮磷循环功能

水生态系统通过固氮作用、反硝化作用、吸附作用等过程，参与全球氮磷循环，影响土壤肥力和富营养化程度。例如，湿地可以通过固氮作用增加土壤中可利用氮素，并通过反硝化作用减少土壤中硝酸盐含量；湖泊可以通过吸附作用去除水体中过量的磷素，并将其储存在底泥中；河流可以输送陆源氮磷到海洋，并促进其转化或沉积。

（4）生物多样性功能

水生态系统是生物多样性的重要载体，提供了多种生境和资源，维持了水生生物的种类、数量和结构。例如，珊瑚礁是海洋中最具生物多样性的生态系统，为数千种鱼类、无脊椎动物和植物提供了栖息地；湿地是陆地和水域的过渡带，为许多候鸟、两栖动物和水生植物提供了繁殖、越冬和迁徙的场所；河流是陆地和海洋的连接通道，为许多洄游鱼类提供了产卵、成长和迁移的路径。

2. 人文功能

人文功能是指水生态系统对人类社会经济活动所提供的服务和价值，主要包括以下几个方面：

（1）供水功能

水生态系统是人类获取淡水资源的主要途径，为人类生活、农业、工业、能源等提供了水量和水质保障。例如，海洋是人类获取海水资源的主要来源，可以通过海水淡化等技术转化为淡水；湖泊是人类获取淡水资源的重要储备，可以通过取水工程直接利用或调节；河流是人类获取淡水资源的主要渠道，可以通过引水工程输送到需要用水的地方。

（2）渔业功能

水生态系统是人类获取渔业资源的主要场所，为人类提供了食物、饲料、药物等。例如，海洋是人类获取海洋渔业资源的主要基地，包括海洋捕捞、养殖和深海开发等；湖泊是人类获取淡水渔业资源的重要场所，包括湖泊捕捞、养殖和休闲垂钓等；河流是人类获取河流渔业资源的重要途径，包括河流捕捞、养殖和放流等。

（3）旅游功能

水生态系统是人类进行旅游休闲活动的主要目的地，为人类提供了美丽的风景、丰富的文化和多样的体验。例如，海洋是人类进行海滨旅游、海上运动和海洋探险等活动的主要场所；湖泊是人类进行湖区旅游、湖上运动和湖泊观赏等活动的主要场所；河流是人类进行河岸旅游、河上运动和河流观赏等活动的主要场所。

(4)教育功能

水生态系统是人类进行科学教育和环境教育的主要平台，为人类提供了丰富的知识、信息和启示。例如，海洋是人类进行海洋科学教育和海洋环境教育的主要平台，可以通过海洋博物馆、海洋公园和海洋实验室等方式展示海洋知识和环境问题；湖泊是人类进行湖泊科学教育和湖泊环境教育的主要平台，可以通过湖泊博物馆、湖泊公园和湖泊实验室等方式展示湖泊知识和环境问题。

二、黄河流域水生态系统功能的特点和价值

1. 特点

黄河流域水生态系统功能具有以下几个特点：

(1)水生态系统类型多样

黄河流域水生态系统包括海洋、湖泊、河流、湿地、冰川等多种类型，形成了从高寒到温暖、从干旱到湿润、从山地到平原的多样化水生态景观。这些水生态系统相互联系、相互影响，构成了黄河流域水生态系统的整体。

(2)水生态系统功能复杂

黄河流域水生态系统功能涉及水文、碳循环、氮磷循环、生物多样性等多个方面，既有自然功能，又有人文功能，既有直接效益，又有间接效益，既有现实价值，又有潜在价值。这些功能相互作用、相互制约，构成了黄河流域水生态系统功能的复杂性。

(3)水生态系统功能不平衡

黄河流域水生态系统功能在空间和时间上存在不平衡性。在空间上，由于自然条件和人类活动的差异，水生态系统功能在上游、中游和下游表现出不同的特征和优劣势。例如，上游的水源涵养功能强，但供水功能弱；中游的水土保持功能强，但渔业功能弱；下游的供水功能强，但碳循环功能弱。在时间上，由于气候变化和人类干扰的影响，水生态系统功能在年际和季节上表现出不同的变化趋势和波动范围。例如，年际上，黄河径流量呈现下降趋势，导致供水功能减弱；季节上，黄河泥沙量呈现冬季高、夏季低的特点，导致水沙关系失调。

(4)水生态系统功能面临压力

黄河流域水生态系统功能面临着来自自然变化和人类活动的双重压力。自然变化主要包括气候变化、地质灾害等因素，导致水资源减少、洪涝干旱频发、泥沙增加等问题。人类活动主要包括用水过度、污染排放、工程建设等因素，导致水质恶化、生物多样性降低、生态环境退化等问题。

2. 价值

黄河流域水生态系统功能具有以下几个价值：

（1）维持流域安全稳定的价值

黄河流域水生态系统通过调节地球水循环、固定碳排放、保持土壤肥力等自然功能，为流域提供了气候调节、防洪减灾、土地保护等服务，维持了流域安全稳定的基础条件。

（2）支撑经济社会发展的价值

黄河流域水生态系统通过提供淡水资源、渔业资源、旅游资源等人文功能，为流域提供了供水保障、食物供给、收入增加等服务，支撑了经济社会发展的物质基础。

（3）提升人民生活质量的价值

黄河流域水生态系统通过提供美丽风景、丰富文化、多样体验等人文功能，为流域提供了休闲娱乐、教育启迪、精神满足等服务，提升了人民生活质量的精神层面。

（4）促进生态文明建设的价值

黄河流域水生态系统通过展示水生态系统的功能和价值，为流域提供了生态保护的动力和理念，促进了生态文明建设的理念传播和实践推进。

黄河流域水生态系统功能评价指标体系构建

黄河作为我国重要的经济和文化象征，其发展历程与我国民族命运紧密相连。在历经了漫长历史的发展过程中，黄河所产生的水资源已逐渐无法满足当代社会发展的需求，水生态系统功能下降，黄河流域的生态环境问题日益突出。因此，针对黄河流域水生态系统功能评价指标体系的构建，对于科学评估黄河流域水生态系统功能、合理规划水资源、促进黄河流域可持续发展具有重要意义。

一、黄河流域水生态系统功能评价指标体系的构建思路

1. 明确评价目标

首先，需要明确评价指标体系的评价目标，即对黄河流域水生态系统功能进行评价。这样才能确保评价指标体系能够涵盖黄河流域水生态系统的各个方面，确保评价结果的准确性和客观性。

2. 选择合适的评价指标

选择合适的评价指标是构建评价指标体系的关键。在选择评价指标时，需要考虑指标的代表性、稳定性、可操作性等因素，同时还需要考虑不同指标之间的相互关系和影响。

3. 构建评价指标体系

根据选定的评价指标，将其按照不同的层次进行分类，构建出一个具有层次性、系统性、全面性的评价指标体系。在构建过程中，需要充分考虑各个指标之间的关联性和影响，确保评价指标体系的整体性和稳定性。

二、水生态系统功能评价指标的选择原则和标准

水生态系统功能评价指标的选择原则和标准如下：

代表性：选取的指标应该能够代表水生态系统的主要特征和功能，能够全面反映水生态系统的状况。

稳定性：选取的指标应该具有相对稳定的特点，不受时间、空间等环境因素的影响，能够保持在一个相对稳定的水平。

可操作性：选取的指标应该具有可测性和可操作性，能够通过实际测量和观测获得数据，便于进行定量分析和评价。

科学性：选取的指标应该具有科学依据和理论基础，能够反映水生态系统的真实状况和本质特征。

综合性：选取的指标应该具有综合性和系统性，能够从多个方面全面反映水生态系统的状况和功能。

实用性：选取的指标应该具有实用性和可应用性，能够用于实际管理和决策中，帮助制定水资源管理和生态保护策略。

综上所述，水生态系统功能评价指标的选择应遵循代表性、稳定性、可操作性、科学性、综合性和实用性的原则和标准，以确保评价结果的准确性和可靠性。

三、水生态系统功能评价指标的权重确定方法

确定水生态系统功能评价指标的权重，是指给每个指标分配一个数值，表示该指标在整个指标体系中所占的比例或影响力。

权重确定方法主要分为主观赋权法和客观赋权法两大类。

主观赋权法是根据专家或决策者的主观判断或经验来确定权重的方法，常用的主观赋权法有层次分析法（AHP）、模糊综合评判法（FCE）、德尔菲法（Delphi）等。主观赋权

法的优点是能够充分利用专家或决策者的知识和经验，考虑多种因素的影响；缺点是受主观因素的干扰较大，可能存在偏好或误差。

客观赋权法是根据指标数据的统计特征或数学模型来确定权重的方法，常用的客观赋权法有熵值法、方差法、主成分分析法(PCA)、因子分析法(FA)等。客观赋权法的优点是能够客观地反映指标数据的信息量和差异性，减少主观因素的影响；缺点是忽略了专家或决策者的意见和判断，可能存在信息丢失或过度简化。

综合上述两类方法的优缺点，本书建议采用主观赋权法和客观赋权法相结合的方法来确定水生态系统功能评价指标的权重，即先用主观赋权法得到初步的权重，再用客观赋权法对其进行修正和优化，以达到既考虑专家或决策者的主观意见，又兼顾指标数据的客观特征的目的。

四、黄河流域水生态系统功能评价指标体系的建立

建立黄河流域水生态系统功能评价指标体系，需要综合考虑黄河流域的自然环境、社会经济、水资源利用等多方面因素。以下是一个可能的黄河流域水生态系统功能评价指标体系：

水资源量：包括黄河干流及重要支流水资源量、水资源利用效率等。

水质状况：包括黄河干流及重要支流的水质状况、饮用水水质、工业废水排放量等。

水生态状况：包括黄河干流及重要支流的生态状况、生物多样性、水生生物资源等。

水环境治理：包括黄河干流及重要支流的环境治理情况、污染防治措施等。

水资源管理：包括黄河干流及重要支流的水资源管理体制、水资源规划、水资源保护等。

在以上指标体系中，每个指标都有相应的权重，需要根据实际情况进行确定。在评价黄河流域水生态系统功能时，需要对每个指标进行定性和定量相结合的分析和评估，最终得出黄河流域水生态系统功能的综合评分。

总之，建立黄河流域水生态系统功能评价指标体系，需要综合考虑黄河流域的自然环境、社会经济、水资源利用等多方面因素，确保评价结果的准确性和可靠性，为黄河流域的可持续发展和生态文明建设提供科学依据。

五、黄河流域水生态系统功能评价指标体系的实践应用

1. 评价黄河流域水生态系统功能

通过构建的黄河流域水生态系统功能评价指标体系，可以对黄河流域水生态系统功能进行评价。在评价过程中，需要采集相关数据，对各个指标进行量化处理，然后进行

综合评价，得出黄河流域水生态系统功能的综合评分。

2. 指导黄河流域水资源规划

通过对黄河流域水生态系统功能的评价，可以发现黄河流域水资源的优势和不足之处，进而指导黄河流域水资源规划。在规划过程中，可以针对黄河流域水资源的不足之处，制定相应的改进措施，促进黄河流域水资源的合理配置和利用。

3. 促进黄河流域可持续发展

通过对黄河流域水生态系统功能的评价，可以发现黄河流域水资源与生态环境之间的互动关系，进而制定相应的政策措施，促进黄河流域可持续发展。同时，还可以通过向社会公众公开评价结果，提高公众对环境保护和可持续发展的认识和重视程度。

六、总结

黄河流域作为我国重要的经济和文化发展区域，其水资源的开发和利用一直备受关注。构建黄河流域水生态系统功能评价指标体系，可以科学评估黄河流域水生态系统功能、合理规划水资源、促进黄河流域可持续发展，对于实现黄河流域的可持续发展和生态文明建设具有重要意义。

黄河流域水生态系统功能评价方法和结果

黄河流域作为我国重要的经济和文化发展区域，其水资源的开发和利用一直备受关注。然而，随着社会经济的快速发展和人类活动的不断加剧，黄河流域水生态系统功能逐渐下降，水资源短缺、水环境污染、生态破坏等问题日益突出。因此，对黄河流域水生态系统功能进行评价，对于科学规划和管理水资源、促进黄河流域可持续发展具有重要意义。

一、黄河流域水生态系统功能评价方法

1. 评价指标体系的构建

黄河流域水生态系统功能评价指标体系主要包括水资源量、水质状况、水生态状况、水环境治理和水资源管理五个方面。每个方面又包含多个指标，如水资源量包括黄河干流及重要支流水资源量、水资源利用效率等；水质状况包括黄河干流及重要支流的水质状况、饮用水水质、工业废水排放量等。

2. 指标权重的确定

在黄河流域水生态系统功能评价指标体系中，每个指标都有相应的权重。确定指标权重的方法有多种，如专家打分法、德尔菲法、主成分分析法、熵值法、层次分析法等。根据实际情况和需求，选择合适的方法进行指标权重的确定。

3. 评价模型的建立

基于评价指标体系和指标权重，建立黄河流域水生态系统功能评价模型。评价模型可以采用综合指数法、层次分析法、模糊评价法等。通过评价模型，可以对黄河流域水生态系统功能进行定量评价。

二、黄河流域水生态系统功能评价结果

1. 水资源量

根据评价指标体系，水资源量包括黄河干流及重要支流水资源量、水资源利用效率等指标。评价结果显示，黄河流域水资源量相对充足，但水资源利用效率较低，存在不同程度的浪费和损失。

2. 水质状况

根据评价指标体系，水质状况包括黄河干流及重要支流的水质状况、饮用水水质、工业废水排放量等指标。评价结果显示，黄河流域水质状况整体较好，但部分地区和支流的水质存在超标现象，需要加强水污染防治工作。

3. 水生态状况

根据评价指标体系，水生态状况包括黄河干流及重要支流的生态状况、生物多样性、水生生物资源等指标。评价结果显示，黄河流域水生态状况整体良好，但部分地区和支流的生物多样性受到一定程度的威胁，需要加强生态保护工作。

4. 水环境治理

根据评价指标体系，水环境治理包括黄河干流及重要支流的环境治理情况、污染防治措施等指标。评价结果显示，黄河流域水环境治理整体效果较好，但部分地区的环境治理力度需要进一步加强。

5. 水资源管理

根据评价指标体系，水资源管理包括黄河干流及重要支流的水资源管理体制、水资源规划、水资源保护等指标。评价结果显示，黄河流域水资源管理整体水平较高，但部分地区的水资源管理体制需要进一步改革和完善。

根据以上评价结果，可以得出黄河流域水生态系统功能的综合评分。综合评分可以反映黄河流域水生态系统功能的整体状况和水平，为科学规划和管理水资源提供依据。

三、黄河流域水生态系统功能评价结果的分析和讨论

对黄河流域水生态系统功能评价结果进行分析和讨论，可以从以下几个方面展开：

1. 优势和亮点

黄河流域水生态系统功能评价结果显示，黄河流域水生态状况整体良好，这表明黄河流域的水生态环境较为稳定，水生生物资源比较丰富。同时，黄河流域的水环境治理整体效果较好，污染防治措施得到一定程度的落实和推进。

2. 问题和挑战

评价结果也暴露出黄河流域水生态系统存在的一些问题和挑战。首先，水资源利用效率较低，存在不同程度的浪费和损失，需要加强水资源的管理和保护。其次，部分地区和支流的水质存在超标现象，需要加强水污染防治工作。此外，部分地区的环境治理力度需要进一步加强，特别是工业废水的排放需要得到有效控制。

3. 原因和对策

分析评价结果可以发现，黄河流域水生态系统功能下降的原因主要包括人类活动、环境治理不足、水资源管理不完善等方面。因此，需要采取相应的措施和政策，加强水资源管理和生态保护工作。具体而言，可以采取以下对策：

(1)加强水资源管理和保护，提高水资源利用效率。

(2)加强水污染防治工作，提高水质状况。

(3)加强环境治理力度，特别是工业废水的排放控制。

(4)推进生态文明建设，提高社会公众的环保意识。

4. 总结和建议

基于对黄河流域水生态系统功能评价结果的分析和讨论，可以得出以下总结和建议：

(1)黄河流域水生态系统功能整体良好，但存在不同程度的问题和挑战。

(2)需要加强水资源管理和生态保护工作，制定相应的政策和措施。

(3)加强环境治理力度，特别是工业废水的排放控制。

(4)推进生态文明建设，提高社会公众的环保意识。

对黄河流域水生态系统功能评价结果进行分析和讨论，可以帮助我们深入了解黄河流域水生态系统的状况和问题，为科学规划和管理水资源提供依据。同时，还需要加强国际合作和交流，共同应对全球水资源的挑战和问题。

总之，黄河流域水生态系统功能评价结果表明，黄河流域水生态系统功能整体良好，但存在不同程度的问题和挑战。在未来的发展中，需要加强水资源管理和生态保护工作，制定相应的政策和措施，促进黄河流域的可持续发展和生态文明建设。同时，还需要加强国际合作和交流，共同应对全球水资源的挑战和问题。

第五章　污染物特征及对水环境的影响

放射性污染特征及其影响

在黄河流域经济迅速发展的同时，环境污染问题也日益突出，尤其是放射性污染。本节将探讨黄河流域放射性污染的特征、来源、环境影响以及防治措施。

一、放射性污染的特征

放射性污染是指由放射性物质释放到环境中引起的污染。黄河流域的放射性污染主要来源于核能和核工业的排放。这些放射性物质包括铀、钚、镭等，它们具有一定的半衰期，会释放出放射性射线，对环境和人体健康造成危害。

黄河流域的放射性污染具有以下特征：

1. 放射性物质释放量较大

黄河流域拥有多个核电站和核工业设施，这些设施在运营过程中会释放大量的放射性物质。

2. 多种放射性物质共存

黄河流域的放射性污染源多种多样，包括核电站、核燃料加工、医学影像等，导致多种放射性物质共存。

3. 污染范围广泛

放射性物质释放后会随着水流和风向扩散，污染范围广泛，包括黄河流域及其周边地区。

二、放射性污染的来源

黄河流域的放射性污染主要来源于以下几个方面：

1. 核电站排放

黄河流域拥有多个核电站，这些核电站在运营过程中会释放大量的放射性物质。

2. 核工业排放

黄河流域拥有多个核工业设施，如核燃料加工、核废料储存等，这些设施在运营过程中会释放放射性物质。

3. 医学影像设施排放

医学影像设施如 X 光机、CT 机等在使用过程中会释放放射性物质。

4. 天然放射性物质

黄河流域的一些地区存在天然的放射性物质，如铀矿、镭矿等。

5. 工业生产活动

黄河流域有许多核工业、煤化工、稀土冶炼等行业，这些行业在生产过程中会产生一定量的放射性废物，如果处理不当，就会造成放射性污染。

6. 农业生产活动

黄河流域的农业生产主要依赖于化肥、农药等投入品，这些投入品中可能含有一些放射性元素，如钾、铀、钍等，这些元素会随着灌溉水和地表径流进入黄河水体，造成放射性污染。

7. 自然地质背景

黄河流域的部分地区具有较高的自然地质背景，如青海省、甘肃省、宁夏回族自治区等地，这些地区的岩石和土壤中含有较高的放射性元素，如铀、钍、镭等，这些元素会随着风沙和水土流失进入黄河水体，造成放射性污染。

8. 人为事故和事件

黄河流域也可能受到一些人为事故和事件的影响，如核设施泄漏、核试验、核武器使用等，这些事故和事件会释放出大量的放射性物质，对黄河水体造成严重的放射性污染。

三、放射性污染的环境影响

放射性污染对环境的影响主要表现在以下几个方面：

1. 对水体的影响

放射性物质释放到水体中后，会污染水源，影响水体的生态系统和人类健康。

2. 对土壤的影响

放射性物质释放到土壤中后，会污染土壤，影响农作物的生长和人类健康。

3. 对生物的影响

放射性物质会对生物造成辐射损伤，影响生物的生存和繁衍。

4. 对人类的影响

放射性物质会对人体造成辐射损伤，影响人体的健康和生命安全。

5. 对生态系统的影响

放射性物质会导致生物物种发生突变，破坏生态平衡，影响生物多样性。放射性物质也会干扰土壤中的微生物活动，降低土壤的肥力和分解能力。

6. 对人类健康的影响

放射性物质会通过呼吸道、消化道或皮肤进入人体，对人体的细胞和组织造成损伤，引起癌症、白血病、遗传缺陷等疾病。放射性物质也会通过食物链进入人体，污染农产品和水源，威胁食品安全。

7. 对气候变化的影响

放射性物质会增加大气中的温室气体，加剧全球变暖。放射性物质也会改变大气中的化学成分，影响臭氧层和云层的形成，影响太阳辐射和降水的分布。

四、防治措施

为了减少黄河流域的放射性污染，应采取以下防治措施：

1. 加强监管

加强对核电站、核工业设施的监管，确保这些设施的运营符合国家规定。

2. 提高技术水平

提高核电技术水平，减少放射性物质的排放。

3. 加强宣传教育

加强对公众的宣传教育，提高公众对放射性污染的认识和重视程度。

4. 推动清洁能源发展

推动清洁能源的发展，减少对核能的需求和依赖。

总之，黄河流域的放射性污染问题需要引起高度重视，应采取有效的防治措施，保障环境和人类健康的安全。

重金属污染特征及其影响

随着工业化和城市化的快速发展，黄河流域的重金属污染问题日益突出，对环境和人类健康造成了严重的威胁。本节将探讨黄河流域重金属污染的特征、来源、影响以及防治措施。

一、重金属污染的特征

在当今环境问题中，水环境污染的问题难以避免，水体污染治理已成世界性的难题，黄河也不例外。据统计，由于大量未经处理的工业废水和生活污水直接排入黄河，黄河口的19条河流中有7条受到严重污染，黄河河口湿地16%的河流受到重金属镉的污染。大量超标废水排入河中造成严重的水体污染，河中鱼虾绝迹，农民守着水却无法灌溉农田，更为严重的是一些沿河村庄身患癌症的病人明显增多。黄河流域的重金属污染主要来源于工业排放、农业活动、城市垃圾和矿工业等。重金属污染具有以下特征：

1. 持久性

重金属在环境中的半衰期较长，难以被自然分解，因此重金属污染具有持久性。

2. 生物积累性

重金属可以通过食物链和生物迁移等途径在生物体内积累，形成慢性中毒。

3. 不可逆性

重金属对环境和生物的损害往往是不可逆的，一旦造成污染，需要长时间才能恢复。

4. 多样性

重金属的种类繁多，来源广泛，污染形式多样。

污染水体的重金属主要有汞、镉、铅、铬、铜等。重金属对人体危害甚大。饮用水中含有微量重金属，即可对人体产生毒性效应。有些重金属可在微生物的作用下转化为毒性强的难以被微生物降解的重金属化合物（如汞转化为甲基汞等）。另外，重金属具有累积效应和不易排泄的特性，往往随着食物链的生物放大作用，逐步在生物体内累积、放大，最后进入人体。农产品、畜产品、水产品都有富集重金属的特性，特别是鱼、贝类，富集程度更高。黄河是重要的饮用水源，如其中的重金属处理不当，将严重影响两岸人民的身体健康。黄河重金属污染治理势在必行。

二、重金属污染的来源

黄河流域的重金属污染主要来源于以下几个方面：

1. 工业排放

黄河流域拥有众多的工业设施，如矿山、冶炼厂、化工企业等。这些设施在生产过程中会排放大量的重金属物质，如汞、铅、锌等。一些老工业基地如大同、太原等，由于历史原因和管理不善，工业排放对黄河重金属污染贡献较大。

2. 农业活动

农业活动如施肥和喷洒农药等，会导致重金属在土壤和农作物中积累。在黄河流域的农田中，经常使用含有重金属的化肥和农药，这些物质会通过土壤和水体进入黄河，增加黄河重金属污染的程度。

3. 城市垃圾

城市垃圾如电子废弃物、汽车尾气等，其中含有大量的重金属物质。这些物质在黄河的支流和排水沟中堆积，经过雨水冲刷和氧化反应，重金属会释放到黄河中，对黄河水质造成影响。

4. 矿工业

黄河流域拥有大量的矿产资源，矿工业的生产过程中，重金属会通过废气和废水等途径释放到环境中。一些矿区的采矿活动可能会导致大量重金属的释放，对黄河水质造成严重影响。

5. 汽车尾气

汽车尾气中含有大量的重金属颗粒，这些颗粒会随着空气流动进入黄河，对黄河水质造成影响。特别是在城市地区，汽车尾气对黄河重金属污染的贡献不可忽视。

6. 环保意识不足

一些企业和个人对环境保护的意识不足，存在乱排乱放、违规排放等行为，导致黄河重金属污染日益严重。同时，环保部门的监管不到位，对企业和个人的环保行为缺乏有效监督，也是导致黄河重金属污染的原因之一。

7. 政策制度不完善

当前，环保政策制度还不够完善，对企业和个人的环保行为缺乏有效的约束和激励。同时，环保投入不足，导致环保设施建设和运营存在困难，也是导致黄河重金属污染的原因之一。

总之，黄河重金属污染的来源多种多样，需要采取综合措施，加强监管和控制，推动环保意识的普及，促进环保政策的完善，减少黄河重金属污染的程度。

三、重金属污染的影响

黄河流域的重金属污染对环境和人体健康具有严重的影响，主要表现在以下几个方面：

1. 对土壤的影响

重金属污染会导致土壤质量下降，影响农作物的生长和人类的食品健康。

2. 对水体的影响

重金属污染会导致水体水质下降，影响水生生物的生存和人类的饮用水安全。

3. 对大气的影响

重金属污染会导致大气质量下降，影响空气质量和人类健康。

4. 对生物的影响

重金属会对生物造成毒性效应，影响生物的生存和繁衍。

5. 对人类的影响

重金属会对人体造成慢性中毒，影响人体的健康和生命安全。

四、防治措施

为了减少黄河流域的重金属污染，需要采取以下防治措施：

1. 加强监管

加强对工业设施、农业活动、城市垃圾和矿工业等的监管，确保这些设施的运营符合国家规定。

2. 推广清洁能源

推广清洁能源，减少对矿产资源的依赖，降低重金属的排放。

3. 加强宣传教育

加强宣传教育，提高公众对重金属污染的认识和重视程度。

4. 推动生态保护

加强生态保护，保护生态环境，降低重金属的积累和污染。

四、湿地对水质的净化作用

水生生物对重金属有很强的富集能力，千百年来，湿地一直是地表水体净化的加工厂。据测定，在湿地植物组织内富集的重金属浓度比周围水中的浓度高出10万倍以上。湿地水质净化的另一重要功臣是湿地中的微生物。有研究报道，用于吸附重金属的微生物主要有细菌和真菌两种。另据英国《泰晤士报》近日报道，湿地是汞的定时炸弹。如果遇到天然大火，湿地会释放出聚积了数百年的毒素，而这些毒素就是湿地植物积聚了数百年的汞。

正因为如此，人们常常利用湿地植物的这一生态功能来清除污水中的这些“毒素”，达到净化水质的目的。与其他方式相比，利用湿地处理重金属污染具有经济高效的特点。黄河流域有大量湿地，黄河湿地将在维持黄河的生态平衡、保护两岸人民的身体健康方面发挥重要作用。

1. 黄河湿地现状

黄河湿地资源十分丰富，主要包括黄河源区湿地、诺尔盖草原区湿地、宁夏平原区湿地、内蒙古河套平原区湿地、毛乌素沙地区湿地、三门峡库区湿地、下游河道湿地和河口三角洲湿地。这些湿地中，有的享有“中华水塔”之美誉，有的水丰草茂，沼泽星罗棋布。

由于以前人们错误地将湿地视为滋生疾病、孕育灾害的荒滩，黄河湿地的开发利用长期处于非理性、无序化和掠夺式状态，过度开垦、围海造地时有发生。再加上气候变暖，降水减少以及大量污水涌入湿地，造成大批植被和生物死亡，黄河流域湿地的生态环境遭到严重破坏。以位于黄河源区的玛多县为例。玛多县平均海拔4300米以上，30多年前玛多县境内沼泽湿地很多，大小湖泊4000多个，素有“高原千湖之县”的美誉。近半个世纪气候变暖趋势让玛多县气温越来越高，降水越来越少，且随着牛羊数量的不断增加，草原厚度不断下降。由于大肆扑杀狐狸、老鹰，鼠害迅速蔓延，目前超过70%的草地退化，近一半的湖泊干涸，沙化草原已无力涵养黄河源头的水土，湿地面积逐年萎缩。经若干年开发，黄河流域原生态的滩涂和自然河岸变成大片的农田和养殖场。黄河断流加剧了湿地生态系统和河口海域的污染程度，使湿地生态系统净化水质的功能降低，致使近海海域污染加重。海平面上升能够淹没湿地，加剧了海岸线的侵蚀后退，河口湿地的面积逐年减少。总之，由于对湿地的盲目开垦和改造以及对湿地生物资源的过度利用，黄河湿地面积不断减少，各项功能大大下降。

2. 如何保护黄河湿地

做好黄河湿地保护管理工作，对于维护生态平衡、改善生态状况、实现人与自然和谐发展具有十分重要的意义。同时，黄河湿地保护是一项系统工程，需要全社会共同参与。笔者认为今后应着力做好以下几方面的工作。

一是建立和完善湿地保护法制体系。1992年中国加入《世界湿地公约》后，湿地概念才零星出现于个别法律中。湿地保护立法滞后，无法可依可能是湿地破坏严重的主要原因。目前当务之急应是做好湿地立法研究工作，处理好湿地立法与相关法律的衔接问题，争取早日出台湿地保护条例。

二是加强宣传教育，增强公众的湿地保护意识。目前，相当一些企业或个人，对保护湿地的重要性和黄河水污染造成的巨大灾害还认识得不够深入，常常出现以牺牲湿地资源去追求经济发展、为获得当前利益而损害长远利益的现象。应利用各种宣传媒介，对湿地的重要作用进行大力宣传，切实提高全民的湿地保护意识。

三是利用现代技术对黄河流域湿地进行系统监测。利用现代信息科学技术，结合地质地貌、水文、气象等与湿地有关的成果资料，对黄河流域湿地进行全面系统的监测研究。通过获取流域湿地的现状和数据，建立湿地资源基本资料库，有针对性地对流域湿地进行全面与有效的保护。同时要加强地区之间的合作，及时交流有关信息，统一行动，协调保护。

四是加大资金投入，大力实施湿地恢复工程。加大资金投入力度，实施大规模退耕还湿、退牧还草等湿地生态恢复工程，如修筑围堤补充淡水、蓄积雨水，在高盐碱地域引进耐碱树种和草种等，尽可能恢复湿地原貌。同时要加强国际合作和交流，争取在黄河湿地的恢复、重建、保护和可持续利用技术方面有较大突破。

五是合理配置水资源，保证生态用水。湿地的灵魂是水，要保护湿地的生态环境，维持黄河干流具有一定的流量是十分必要的。黄河第五次调水调沙以来，约有2000万立方米黄河水漫灌黄河三角洲湿地。大量淡水的注入，使黄河口湿地生态得以改观，对三角洲湿地生态系统的完整性、生物多样性及稳定性产生了积极的影响。

六是建立一批黄河湿地自然保护区。在具备条件的地区抓紧建立一批湿地自然保护区，对不具备条件建立自然保护区的，要采取建立湿地公园或野生动植物栖息地等多种形式加强保护，努力扩大湿地保护面积。

“关关雎鸠，在河之洲。”这是一幅展现湿地之美的动人图画。然而，目前黄河湿地保护依然任重道远，形势不容乐观。让我们从我做起，从现在做起，树立强烈的湿地保护意识，扎扎实实地做好黄河湿地的保护、恢复和重建工作，让黄河湿地在治理重金属污染和维持黄河健康生命、实现人与自然的和谐发展中发挥重要作用。

总之，黄河流域的重金属污染问题需要引起高度重视，应采取有效的防治措施，加强监管和控制，加强宣传教育，推动生态保护，保障环境和人类健康的安全。

有机污染物特征及其影响

随着工业化和城市化的快速发展，黄河流域的有机污染物污染问题日益突出，对环境和人类健康造成了严重的威胁，尤其是有机污染物的威胁。有机污染物是指含有碳、氢、氧等元素的化合物，它们可以是天然的或人为的，可以是单一的或复杂的，可以是可降解的或难降解的。有机污染物对水体和生态环境有很大的危害，例如，影响水体透明度、溶解氧、氮磷等营养盐含量，导致水华、富营养化、缺氧等现象；干扰水生生物的生理功能、繁殖能力、遗传稳定性，造成生物多样性下降、物种灭绝等后果；通过食物链传递到人类体内，引起各种急慢性疾病，甚至致癌、致畸等效应。

一、有机污染物的特征

黄河流域的有机污染物主要包括苯、甲苯、二甲苯、多环芳烃、农药、染料等。这些有机污染物具有以下特征：

1. 种类繁多

黄河流域的有机污染物种类繁多，来源广泛，难以完全避免。

2. 毒性较大

有机污染物对人体健康和生态环境具有很大的危害，如致癌、致畸、致突变等。

3. 持久性强

有机污染物在环境中的半衰期较长，难以被自然分解，对环境和生物造成长期影响。

4. 生物积累性

有机污染物可以通过食物链和生物迁移等途径在生物体内积累，形成慢性中毒。

二、有机污染物的来源

黄河流域的有机污染物主要来源于以下几个方面：

1. 工业排放

黄河流域拥有众多的工业设施，如化工、造纸、染料等，这些设施在生产过程中会排放大量的有机污染物。

2. 农业活动

农业活动如施肥和喷洒农药等，会导致有机污染物在土壤和农作物中积累。

3. 城市垃圾

城市垃圾如电子废弃物、汽车尾气等，其中含有大量的有机污染物。

4. 水体污染

黄河流域的一些水体存在严重的有机污染，这些污染物质会随着水流进入黄河，增加黄河有机污染的程度。

根据不同的分类标准，可以从不同的角度来分析。按照来源地域来划分，可以将黄河有机污染物分为源区、上游、中游和下游四个区段。按照来源类型来划分，可以将黄河有机污染物分为点源污染和面源污染两大类。按照来源性质来划分，可以将黄河有机污染物分为天然来源和人为来源两种。下面我们就分别从这三个角度来介绍黄河有机污染物的来源。

1. 按照来源地域划分

1. 源区

黄河源区是指唐乃亥水文站以上的黄河流域，涉及青海、四川和甘肃三省的6个州、19个县，是全流域重要的产水区和水源涵养区。源区的面积约13万平方公里，约占黄河流域总面积的17%，年均径流量约为198亿立方米（1956—2017年）。源区主要由高寒草原、湿地和冰川组成，具有丰富的生物多样性和生态功能。

源区有机污染物主要来自于自然因素和人类活动。自然因素包括土壤侵蚀、植被分解、动物排泄等过程产生的有机物质，如腐殖酸、蛋白质、多糖等。这些有机物质随着雨水或雪水进入水体，形成天然有机污染。人类活动包括畜牧业、旅游业、矿业等产生的有机废水和废弃物，如粪便、尿液、洗涤剂、农药等。这些有机废水和废弃物未经处理或不规范处理后排入水体，形成人为有机污染。

源区有机污染物的影响主要表现在水体色度增加、溶解氧降低、生物需氧量增加、营养盐富集等方面，对水体的自净能力和水质安全造成威胁。同时，源区有机污染物也会影响下游水体的水质和生态环境，因为源区的水体是下游的主要补给源。

2. 上游

黄河上游从青海唐乃亥至内蒙古托克托县的河口镇距离约为1909公里。上游主要由黄土高原、河套平原和宁夏平原组成，是我国重要的粮食和畜牧基地。上游年均径流量约为292亿立方米（1956—2017年），占全流域年均径流量的38%。

上游有机污染物主要来自于农业面源污染和工业点源污染。农业面源污染是指农业生产活动中产生的有机废水和废弃物，如化肥、农药、畜禽粪便等，随着雨水或灌溉水径流或渗流进入水体，形成农业面源污染。工业点源污染是指工业生产活动中产生的有机废水和废弃物，如石油、煤炭、化工等行业排放的含油废水、酚类废水、苯类废水等，经过管道或沟渠直接或间接排入水体，形成工业点源污染。

上游有机污染物的影响主要表现在水体氮磷等营养盐含量增加、富营养化程度加剧、有毒有害物质积累等方面，对水体的生态功能和人类健康造成危害。同时，上游有机污染物也会影响中下游水体的水质和生态环境，因为上游的水体是中下游的主要供给源。

3. 中游

黄河中游从内蒙古托克托县河口镇至山东省济南市龙口市距离约为2200公里。中游主要由晋陕山区、关中平原、洛阳平原和鲁西南平原组成，是我国重要的能源和工业基地。中游年均径流量约为131亿立方米（1956—2017年），占全流域年均径流量的17%。

中游有机污染物主要来自于工业点源污染和城市生活污染。工业点源污染是指工业生产活动中产生的有机废水和废弃物，如煤炭、电力、钢铁、化工等行业排放的含油废水、酚类废水、苯类废水等，经过管道或沟渠直接或间接排入水体，形成工业点源污染。城市生活污染是指城市居民生活活动中产生的有机废水和废弃物，如生活污水、垃圾渗滤液等，经过管道或沟渠直接或间接排入水体，形成城市生活污染。

中游有机污染物的影响主要表现在水体氮磷等营养盐含量增加、富营养化程度加剧、有毒有害物质积累等方面，对水体的生态功能和人类健康造成危害。同时，中游有机污染物也会影响下游水体的水质和生态环境，因为中游的水体是下游的主要供给源。

4. 下游

黄河下游从山东省龙口市至渤海距离约为780公里。下游主要由鲁北平原、鲁中平原和鲁南平原组成，是我国重要的农业和渔业基地。下游年均径流量约为144亿立方米（1956—2017年），占全流域年均径流量的19%。

下游有机污染物主要来自于农业面源污染、工业点源污染和城市生活污染。农业面源污染是指农业生产活动中产生的有机废水和废弃物，如化肥、农药、畜禽粪便等，随着雨水或灌溉水径流或渗流进入水体，形成农业面源污染。工业点源污染是指工业生产活动中产生的有机废水和废弃物，如石油、化工、造纸等行业排放的含油废水、酚类废水、苯类废水等，经过管道或沟渠直接或间接排入水体，形成工业点源污染。城市生活污染是指城市居民生活活动中产生的有机废水和废弃物，如生活污水、垃圾渗滤液等，经过管道或沟渠直接或间接排入水体，形成城市生活污染。

下游有机污染物的影响主要表现在水体氮磷等营养盐含量增加、富营养化程度加剧、有毒有害物质积累等方面，对水体的生态功能和人类健康造成危害。同时，下游有机污染物也会影响河口湿地和海洋的水质和生态环境，因为下游的水体是河口湿地和海洋的主要补给源。

2. 按照来源类型划分

1. 点源污染

点源污染是指通过固定的管道或沟渠直接或间接排入水体的有机污染物，如工业废水、城市生活污水、畜禽养殖场排水等。点源污染具有排放量大、排放浓度高、排放位置固定、排放时间规律性强等特点。点源污染是黄河有机污染物的重要来源之一。

据2017年《黄河流域环境状况公报》显示，黄河流域共监测到点源排放总量为44.94亿吨，其中化学需氧量（COD）为57.8万吨，氨氮（NH3-N）为10.2万吨。与2016年相比，点源排放总量增加了3.6%，COD增加了3.1%，NH3-N增加了4.1%。黄河流域点源污染物的排放量呈现出由上游向下游逐渐增大的趋势，其中下游排放量占全流域的54.8%，中游排放量占全流域的33.6%，上游排放量占全流域的11.6%。黄河流域点源污染物的排放类型主要为工业废水和生活污水，其中工业废水占全流域的53.8%，生活污水占全流域的46.2%。

点源污染对黄河水质和生态环境的影响主要表现在以下几个方面：

（1）导致水体富营养化

点源污染物中含有大量的氮磷等营养盐，这些营养盐进入水体后，会促进水体中藻类等微生物的繁殖，形成水华现象。水华不仅影响水体的透明度和美观，还会消耗水体中的溶解氧，降低水体的自净能力，造成水体缺氧、死亡等问题。

（2）导致水体有毒有害物质积累

点源污染物中含有一些难降解或不可降解的有机物质，如酚类、苯类、多环芳烃等，这些有机物质进入水体后，会在水体中长期存在，对水生生物和人类健康造成潜在的危害。这些有机物质还会通过食物链传递到高等生物体内，造成生物富集或生物放大效应。

（3）导致水体生态系统结构和功能改变

点源污染物中含有一些对水生生物有毒性或抑制性的有机物质，如农药、抗生素等，这些有机物质进入水体后，会干扰水生生物的正常生理功能、繁殖能力、遗传稳定性等，造成水生生物种群数量下降、种类减少、结构失衡等问题。这些问题会影响水体生态系统的稳定性和多样性，降低其抵御外来干扰和自我恢复的能力。

2. 面源污染

面源污染是指通过雨水或灌溉水径流或渗流进入水体的有机污染物，如农业废水和废弃物、城市径流、土壤侵蚀等。面源污染具有排放量大、排放浓度低、排放位置分散、排放时间不规律等特点。面源污染是黄河有机污染物的重要来源之一。

据2017年《黄河流域环境状况公报》显示，黄河流域共监测到面源排放总量为43.37亿吨，其中化学需氧量(COD)为57.8万吨，氨氮(NH3-N)为10.2万吨。与2016年相比，面源排放总量减少了0.9%，COD减少了0.9%，NH3-N减少了0.7%。黄河流域面源污染物的排放量呈现出由上游向下游逐渐增大的趋势，其中下游排放量占全流域的54.8%，中游排放量占全流域的33.6%，上游排放量占全流域的11.6%。黄河流域面源污染物的排放类型主要为农业废水和废弃物，其中农业废水和废弃物占全流域的82.4%，城市径流占全流域的17.6%。

面源污染对黄河水质和生态环境的影响主要表现在以下几个方面：

(1)导致水体富营养化

面源污染物中含有大量的氮磷等营养盐，这些营养盐进入水体后，会促进水体中藻类等微生物的繁殖，形成水华现象。水华不仅影响水体的透明度和美观，还会消耗水体中的溶解氧，降低水体的自净能力，造成水体缺氧、死亡等问题。

(2)导致水体有毒有害物质积累

面源污染物中含有一些难降解或不可降解的有机物质，如农药、抗生素等，这些有机物质进入水体后，会在水体中长期存在，对水生生物和人类健康造成潜在的危害。这些有机物质还会通过食物链传递到高等生物体内，造成生物富集或生物放大效应。

(3)导致水体生态系统结构和功能改变

面源污染物中含有一些对水生生物有毒性或抑制性的有机物质，如农药、抗生素等，这些有机物质进入水体后，会干扰水生生物的正常生理功能、繁殖能力、遗传稳定性等，造成水生生物种群数量下降、种类减少、结构失衡等问题。这些问题会影响水体生态系统的稳定性和多样性，降低其抵御外来干扰和自我恢复的能力。

三、按照来源性质划分

1. 天然来源

天然来源是指自然界中存在或产生的有机污染物，如土壤侵蚀、植被分解、动物排泄等过程产生的有机物质，如腐殖酸、蛋白质、多糖等。天然来源是黄河有机污染物的重要来源之一。

天然来源对黄河水质和生态环境的影响主要表现在以下几个方面：

(1)导致水体色度增加

天然来源中含有一些具有色度的有机物质，如腐殖酸、胡敏酸等，这些有机物质进入水体后，会使水体呈现出黄色或棕色等不同程度的颜色。这种颜色不仅影响水体的美观和透明度，还会影响光合作用和光催化反应等过程。

（2）导致水体溶解氧降低

天然来源中含有一些可被微生物分解利用的有机物质，如蛋白质、多糖等，这些有机物质进入水体后，会被微生物分解为二氧化碳、水和其他无机物质，这个过程会消耗水体中的溶解氧，降低水体的自净能力和生态功能。

（3）导致水体营养盐富集

天然来源中含有一些含有氮磷等元素的有机物质，如蛋白质、核酸等，这些有机物质进入水体后，会被微生物分解为氨氮、亚硝酸盐、硝酸盐、磷酸盐等无机物质，这些无机物质是水体中藻类等微生物的重要营养源，会促进水体富营养化的发生。

2. 人为来源

人为来源是指人类活动中产生或排放的有机污染物，如工业废水、城市生活污水、农业废水和废弃物等。人为来源是黄河有机污染物的重要来源之一。

人为来源对黄河水质和生态环境的影响主要表现在以下几个方面：

（1）导致水体富营养化

人为来源中含有大量的氮磷等营养盐，这些营养盐进入水体后，会促进水体中藻类等微生物的繁殖，形成水华现象。水华不仅影响水体的透明度和美观，还会消耗水体中的溶解氧，降低水体的自净能力，造成水体缺氧、死亡等问题。

（2）导致水体有毒有害物质积累

人为来源中含有一些难降解或不可降解的有机物质，如酚类、苯类、多环芳烃等，这些有机物质进入水体后，会在水体中长期存在，对水生生物和人类健康造成潜在的危害。这些有机物质还会通过食物链传递到高等生物体内，造成生物富集或生物放大效应。

（3）导致水体生态系统结构和功能改变

人为来源中含有一些对水生生物有毒性或抑制性的有机物质，如农药、抗生素等，这些有机物质进入水体后，会干扰水生生物的正常生理功能、繁殖能力、遗传稳定性等，造成水生生物种群数量下降、种类减少、结构失衡等问题。这些问题会影响水体生态系统的稳定性和多样性，降低其抵御外来干扰和自我恢复的能力。

综上所述，黄河有机污染物的来源是多种多样的，可以从不同的角度来划分和分析。黄河有机污染物对黄河流域的水质和生态环境造成了严重的影响和威胁。因此，必须采取有效的措施来防治黄河有机污染问题，保护黄河流域的环境和资源。

三、有机污染物的影响

黄河流域的有机污染物对环境和人体健康具有严重的影响，主要表现在以下几个方面：

1. 对水体的影响

有机污染物会导致水体水质下降，影响水生生物的生存和人类的饮用水安全。

2. 对土壤的影响

有机污染物会导致土壤质量下降，影响农作物的生长和人类的食品健康。

3. 对大气的影响

有机污染物会导致大气质量下降，影响空气质量和人类健康。

4. 对生物的影响

有机污染物会对生物造成毒性效应，影响生物的生存和繁衍。

5. 对人类的影响

有机污染物会对人体造成慢性中毒，影响人体的健康和生命安全。

四、防治措施

为了减少黄河流域的有机污染物污染，需要采取以下防治措施：

1. 加强监管

加强对工业设施、农业活动、城市垃圾等的监管，确保这些设施的运营符合国家规定。

2. 推广清洁能源

推广清洁能源，减少对矿产资源的依赖，降低有机污染物的排放。

3. 加强宣传教育

加强宣传教育，提高公众对有机污染物污染的认识和重视程度。

4. 推动生态保护

加强生态保护，保护生态环境，降低有机污染物的积累和污染。

总之，黄河流域的有机污染物污染问题需要引起高度重视，应采取有效的防治措施，加强监管和控制，加强宣传教育，推动生态保护，保障环境和人类健康的安全。

污染物排放对水环境和经济造成的损失

随着工业化和现代化的快速发展，黄河流域污染物排放对水环境和经济造成了巨大的损失。水污染已经成为全球性的问题，对人类健康和生态系统造成了巨大的威胁。本节将探讨污染物排放对水环境和经济造成的损失，并提出相应的解决措施。

一、污染物排放对水环境的影响

1. 水质污染

污染物排放会导致水质的污染，使得水体中的微生物、有机物、重金属等物质超标。这些污染物会对水生生物和人类健康造成极大的威胁。例如，水中的有毒物质可能会对水生生物产生慢性毒性作用，甚至导致死亡。同时，人类在接触污染水体时，也可能会感染疾病或受到物理伤害。

2. 水生态系统破坏

污染物排放还会导致水生态系统的破坏，使得水生生物的生存环境受到威胁。水中生物的种类和数量会因为污染而减少，甚至消失。此外，水中的污染物也会对水生生物的繁殖和成长造成影响，导致生物的遗传变异和生长不良。

3. 水资源浪费

污染物排放还会导致水资源的浪费，使得水资源更加紧缺。在污染过程中，大量的水资源被污染，无法再利用。同时，为了处理污染水体，也需要大量的人力、物力和财力，造成了极大的资源浪费。

二、污染物排放对经济的影响

1. 工业生产损失

污染物排放会对工业生产造成损失，使得企业的生产效率和产品质量受到影响。在污染过程中，企业需要花费大量的成本来进行环保处理和设备维护，增加了企业的运营成本。此外，由于污染会对设备造成损坏和影响，企业的生产效率和产品质量也会受到影响。

2. 农业产量下降

污染物排放还会对农业产量造成影响，使得农产品的质量和产量下降。污染水体中的有害物质会沉积到土壤中，影响土壤的质量和健康。土壤质量的下降会对农作物的生长和产量造成影响，导致农业产量的下降。

3. 生态旅游损失

污染物排放会对生态旅游造成损失，使得旅游业的收入和效益受到影响。水体污染会对水生生物和生态系统造成破坏，影响旅游业的吸引力和景观价值。此外，由于污染问题会导致游客的不满和投诉，旅游业的声誉和形象也会受到影响。

三、解决措施

为了减少污染物排放对水环境和经济造成的损失，需要采取相应的解决措施。

1. 加强环保意识教育

应该加强环保意识教育，提高公众的环保意识和素质。通过宣传教育，让公众了解污染的危害和环境保护的重要性，形成良好的环保意识和行为习惯。

2. 强化环保法规建设

应该强化环保法规建设，加强对污染物排放的监管和控制。通过制定和完善相关法规和标准，限制和规范污染物的排放，加大对违法排放的处罚力度。

3. 发展清洁生产技术

应该发展清洁生产技术，推广和应用环保生产方式。通过改进生产工艺和技术，减少污染物的产生和排放，提高资源利用效率。

4. 加强环保管理

应该加强环保管理，建立健全的环保管理机制和体系。通过加强监管和管理，确保企业的生产活动符合环保法规和标准，加大对违法排放的打击力度。

四、总结

污染物排放对水环境和经济造成了巨大的损失，必须采取相应的解决措施。通过加强环保意识教育、强化环保法规建设、发展清洁生产技术和加强环保管理，可以减少污染物的排放和对水环境和经济的影响。同时，也需要加强国际合作和交流，共同应对水环境污染问题，保护全球水生态环境和人类健康。

污染物对水环境的物理、化学和生物影响

随着人类活动的不断增加，水环境受到了越来越严重的污染和破坏。污染物对水环境的物理、化学和生物影响已经成为当前全球性的问题。本节将探讨污染物对水环境的物理、化学和生物影响，并提出相应的解决措施。

一、物理影响

1. 水质污染

污染物会对水体产生水质污染，使得水体中的有害物质超标。这些有害物质包括重金属、有机污染物、放射性物质等。当这些有害物质进入水体后，会使水体的颜色、味道、气味发生变化，对水生生物和人类健康造成威胁。

2. 水生态系统破坏

污染物会对水生态系统造成破坏，使得水生生物的生存环境受到威胁。水中生物的种类和数量会因为污染而减少，甚至消失。此外，水中的污染物也会对水生生物的繁殖和成长造成影响，导致生物的遗传变异和生长不良。

3. 水资源浪费

在污染过程中，大量的水资源被污染，无法再利用。同时，为了处理污染水体，也需要大量的人力、物力和财力，造成了极大的资源浪费。

二、化学影响

1. 有机物污染

污染物中有很多是有机物，它们进入水体后，会使水体中的有机物含量增加。这些有机物会消耗水中的氧气，导致水生生物缺氧，甚至死亡。

2. 重金属污染

污染物中还包括重金属，如汞、铅、镉等。这些重金属对水生生物和人类健康都有很大的危害。水生生物吸收重金属后，会影响它们的生长和繁殖，导致生物数量的减少。

3. 酸雨污染

酸雨是污染物对水环境的另一种化学影响。酸雨会使水体的 pH 值发生变化，导致

水生生物的死亡和生态系统的破坏。

三、生物影响

1. 微生物影响

污染物会对水中的微生物产生影响，使得微生物的数量和种类发生变化。这些微生物包括细菌、病毒、原生动物等。当微生物的数量和种类发生变化时，会导致水生生物的疾病和死亡。

2. 水生生物影响

污染物会对水中的水生生物产生影响，使得水生生物的生长和繁殖受到影响。当水生生物吸收污染物后，会导致它们的生长不良和繁殖能力下降。此外，当水生生物的生存环境受到污染时，也会导致水生生物的死亡和生态系统的破坏。

四、解决措施

为了减少污染物对水环境的物理、化学和生物影响，需要采取相应的解决措施。

1. 加强环保意识教育

应该加强环保意识教育，提高公众的环保意识和素质。通过宣传教育，让公众了解污染的危害和环境保护的重要性，形成良好的环保意识和行为习惯。

2. 强化环保法规建设

应该强化环保法规建设，加强对污染物排放的监管和控制。通过制定和完善相关法规和标准，限制和规范污染物的排放，加大对违法排放的处罚力度。

3. 发展清洁生产技术

应该发展清洁生产技术，推广和应用环保生产方式。通过改进生产工艺和技术，减少污染物的产生和排放，提高资源利用效率。

4. 加强环保管理

应该加强环保管理，建立健全的环保管理机制和体系。通过加强监管和管理，确保企业的生产活动符合环保法规和标准，加大对违法排放的打击力度。

五、总结

污染物对水环境的物理、化学和生物影响已经成为当前全球性的问题。这些影响包括水质污染、水生态系统破坏、水资源浪费、有机物污染、重金属污染、酸雨污染、微生物影响以及水生生物影响等。为了减少这些影响，需要采取相应的解决措施，如加强环保意识教育、强化环保法规建设、发展清洁生产技术和加强环保管理等。同时，也需要加强国际合作和交流，共同应对水环境污染问题，保护全球水生态环境和人类健康。

污染物的迁移、转化和归趋过程

环境污染是当前全球面临的一个严重问题，它对环境和人类健康都造成了巨大的威胁。污染物在环境中的迁移、转化和归趋过程是环境污染研究的重要内容之一。本节将探讨污染物的迁移、转化和归趋过程，以及这些过程对环境质量和人类健康的影响。

一、污染物的迁移

污染物的迁移是指污染物在环境中移动的过程。污染物可以通过空气、水和土壤等媒介进行迁移。

1. 空气迁移

污染物可以通过空气迁移到不同的地区和大陆。一些污染物，如二氧化硫、氮氧化物和颗粒物等，可以通过大气循环进行长距离的迁移。这些污染物可能会跨越国家和地区，最终影响到全球的环境和气候。

2. 水迁移

污染物也可以通过水迁移到不同的水体和地区。废水、污水和降雨等都可能带来污染物。这些污染物可以在水体中扩散和迁移，最终影响到水体的质量和生态系统的健康。

3. 土壤迁移

污染物还可以通过土壤迁移到不同的地区和生态系统。污染物在土壤中的迁移速度相对较慢，但它们可以在土壤中积累和储存，最终对土壤质量和生态系统健康产生影响。

二、污染物的转化

污染物的转化是指污染物在环境中发生变化的过程。污染物可以通过物理、化学和生物过程进行转化。

1. 物理转化

污染物的物理转化包括蒸发、沉淀和吸附等过程。这些过程可以使污染物发生变化，并改变它们的物理性质和行为。例如，一些有机污染物可以通过蒸发转化为气体，从而进入大气中。

2. 化学转化

污染物的化学转化包括氧化、还原、分解和合成等过程。这些过程可以使污染物发生变化，并产生新的化学物质。例如，一些重金属污染物可以通过化学转化转化为无害的化合物。

3. 生物转化

污染物的生物转化是指生物通过新陈代谢过程对污染物进行转化。生物转化包括降解、代谢和合成等过程。这些过程可以使污染物发生变化，并产生新的化学物质。例如，一些微生物可以降解有机污染物，使它们转化为无害的化合物。

三、污染物的归趋

污染物的归趋是指污染物在环境中最终去向的过程。污染物可以通过自净、迁移和转化等方式进行归趋。

1. 自净

污染物的自净是指污染物通过自然过程逐渐减少和消除的过程。自净可以通过物理、化学和生物过程实现。例如，一些水体可以通过自净过程减少污染物的影响。

2. 迁移

污染物的迁移是指污染物在环境中移动的过程。污染物可以通过空气、水和土壤等媒介进行迁移。例如，一些污染物可以通过水迁移到不同的地区和大陆。

3. 转化

污染物的转化是指污染物在环境中发生变化的过程。污染物可以通过物理、化学和生物过程进行转化。例如，一些重金属污染物可以通过化学转化转化为无害的化合物。

四、总结

污染物的迁移、转化和归趋过程是环境污染研究的重要内容之一。这些过程对环境质量和人类健康有着重要的影响。了解这些过程可以帮助我们更好地了解环境污染的原因和影响，并制定更好的环境保护措施。因此，我们需要进一步加强环境污染研究，加强环境保护和管理，为全球环境和人类健康的可持续发展做出更大的贡献。

污染物的监测、评价和控制方法

环境污染物是指对环境造成不利影响或危害的物质或能量，包括化学物质、生物物质、放射性物质、噪声、热等。环境污染物的监测、评价和控制方法是环境管理的重要手段，旨在获取污染物的数量、性质、变化规律等信息，判断环境质量是否达标，评估环境风险水平，指导环境管理决策，检验环境政策效果。

本节综述了国内外相关标准和文献，分析了不同类型的污染物的监测、评价和控制方法，比较了其优缺点和适用范围，展望了未来的发展方向。本节以挥发性有机物、重金属和微塑料为例，介绍了它们的来源、危害、监测方法、评价方法和控制方法。

环境污染是指人类活动或自然现象导致环境中出现不利于人类生存和发展的物质或能量，使环境质量下降，破坏生态平衡，威胁人类健康和社会稳定的现象。随着工业化、城市化和全球化的加速发展，环境污染问题日益严重，已成为全球性的挑战和关注点。根据《中国生态环境公报(2020)》，2020年我国大气、水体、土壤等各类环境污染物排放总量仍然较高，部分地区和时段环境质量不达标，部分污染物超标幅度较大，部分新型污染物监测手段不足。为了有效地防治环境污染，保护人类健康和生态安全，需要采取科学合理的监测、评价和控制措施。环境污染物的监测是指对环境中存在或可能存在的有害物质或能量进行定性或定量的测定，获取其数量、性质、分布、变化规律等信息。环境污染物的监测是评价环境质量和风险水平的基础，是制定环境标准和政策的依据，是指导环境管理决策和行动的手段，是检验环境政策效果和责任落实的工具。根据监测目的和对象的不同，环境污染物的监测可以分为基础性监测、监视性监测、应急性监测等。

环境污染物的评价是指根据监测数据和相关信息，对环境中存在或可能存在的有害物质或能量对人体健康和生态系统造成的影响或危害进行定性或定量的分析判断。环境污染物的评价是判断环境质量是否达标的依据，是评估环境风险水平的方法，是制定环境管理目标和措施的依据，是评价环境管理效果和责任落实的标准。根据评价内容和方法的不同，环境污染物的评价可以分为环境质量评价、环境风险评价、环境效益评价等。

环境污染物的控制是指采取技术、经济、法律、行政等手段，对环境中存在或可能存在的有害物质或能量进行消除、减少或转化，使其达到或低于规定的标准或限值。环境污染物的控制是改善环境质量和降低环境风险水平的目标，是实施环境管理决策和行动的过程，是履行环境管理责任和义务的表现。根据控制对象和方式的不同，环境污染物的控制可以分为源头控制、过程控制、终端控制等。下面以挥发性有机物、重金属和微塑料为例，介绍了它们的来源、危害、监测方法、评价方法和控制方法，并提出了一些改进建议。

一、污染物的定义、分类和危害

1. 污染物的定义

污染物是指对环境造成不利影响或危害的物质或能量，包括化学物质、生物物质、放射性物质、噪声、热等。污染物可以从自然界或人类活动中产生，也可以在环境中发生转化或迁移。污染物可以以气态、液态或固态的形式存在，也可以以溶解态、胶体态或悬浮态存在于水体中。污染物可以单独存在，也可以与其他污染物形成混合物或复合物。

2. 污染物的分类

根据不同的标准，污染物可以有不同的分类方式。常见的分类方式有以下几种：

按来源可分为自然源和人为源。自然源指由自然现象或过程产生的污染物，如火山喷发、森林火灾、沙尘暴等;人为源指由人类活动产生的污染物，如工业生产、交通运输、生活消费等。

按性质可分为有机污染物和无机污染物。有机污染物指含有碳元素的化合物，如石油、农药、塑料等；无机污染物指不含碳元素或含碳量很低的化合物，如重金属、酸碱盐等。

按介质可分为大气污染物、水体污染物、土壤污染物等。大气污染物指存在于大气中或对大气造成影响的污染物，如二氧化硫、氮氧化物、臭氧等；水体污染物指存在于水体中或对水体造成影响的污染物，如石油、重金属、微塑料等；土壤污染物指存在于土壤中或对土壤造成影响的污染物，如农药、有机溶剂、放射性物质等。

3. 污染物的危害

污染物对环境和人类的危害主要有以下几方面：

影响环境质量，破坏生态平衡。污染物会改变环境中的物理、化学或生物性质，导致环境功能下降，生态系统结构和功能受损，生物多样性降低，自然资源减少或退化。

降低资源利用效率，增加资源消耗。污染物会降低资源的质量和价值，增加资源的净化和处理成本，限制资源的再利用和循环利用，造成资源的浪费和损失。

威胁人类健康，引发各种疾病和灾害。污染物会通过呼吸、食入、皮肤接触等途径进入人体，干扰人体的正常生理功能，引起各种急性或慢性的中毒、过敏、肿瘤等疾病。污染物还会导致环境突变或累积，引发各种自然或人为的灾害，如酸雨、温室效应、臭氧层破坏、核泄漏等。

二、污染物的监测、评价

1. 污染物的监测方法

污染物的监测方法是指对环境中存在或可能存在的有害物质或能量进行定性或定量的测定，获取其数量、性质、分布、变化规律等信息的方法。污染物的监测方法一般包括以下几个步骤：

样品采集：根据监测目的和对象，选择合适的采样点、采样时间、采样频率、采样器具等，从环境中获取代表性的样品。

样品保存：根据样品的特性和分析要求，选择合适的保存条件、保存容器、保存剂等，防止样品在运输和储存过程中发生变质或损失。

样品处理：根据分析方法的要求，选择合适的处理方式、处理设备、处理试剂等，对样品进行预处理或前处理，使其适于分析仪器或设备。

样品分析：根据分析目标和标准规定，选择合适的分析仪器或设备、分析参数、分析程序等，对样品进行定性或定量的测定，得到测试结果。

数据处理：根据数据质量和统计原则，选择合适的数据校验、数据校正、数据平滑等方法，对测试结果进行必要的处理，消除异常值或误差。

结果报告：根据报告格式和内容要求，选择合适的表达方式和表现形式，对处理后的数据进行分析解释，撰写监测结果报告。

污染物的监测方法根据不同的原理和技术，可以分为以下几类：

化学方法：利用污染物与其他物质发生化学反应或吸附作用，产生可测量的物理或化学变化的方法，如滴定法、光度法、色谱法等。

生物方法：利用污染物对生物体或生物分子的影响，产生可测量的生理或生化变化的方法，如生物检测法、酶法、免疫法等。

物理方法：利用污染物与电磁波、电子束、粒子束等相互作用，产生可测量的光学、电学、磁学等变化的方法，如光谱法、质谱法、核磁共振法等。

数学方法：利用数学模型或算法，根据已知的污染物信息或环境参数，推算出未知的污染物信息或环境参数的方法，如数值模拟法、遥感法、人工智能法等。

2. 污染物的评价方法

污染物的评价方法是指根据监测数据和相关信息，对环境中存在或可能存在的有害物质或能量对人体健康和生态系统造成的影响或危害进行定性或定量的分析判断的方法。污染物的评价方法一般包括以下几个步骤：

数据收集：根据评价目的和对象，收集相关的监测数据和信息，包括污染物的种类、浓度、分布、变化等，以及环境质量标准、风险阈值、暴露参数等。

数据分析：根据评价内容和方法，选择合适的分析模型或工具，对收集到的数据和信息进行必要的处理和计算，得到评价指标或结果。

结果解释：根据评价标准和原则，选择合适的表达方式和表现形式，对分析结果进行分析解释，得出评价总结或建议。

污染物的评价方法根据不同的内容和方法，可以分为以下几类：

环境质量评价：是指对环境中污染物水平是否达到规定标准或限值进行判断和评价的方法，如单因子指数法、综合指数法、空间插值法等。

环境风险评价：是指对环境中污染物可能造成的不利后果及其发生概率进行估计和评价的方法，如暴露剂量法、健康风险评估法、生态风险评估法等。

环境效益评价：是指对环境中污染物控制措施所带来的环境改善效果及其经济社会效益进行估计和评价的方法，如成本效益分析法、成本效用分析法、环境影响评价法等。

三、污染物的控制方法

污染物的控制方法是指采取技术、经济、法律、行政等手段，对环境中存在或可能存在的有害物质或能量进行消除、减少或转化，使其达到或低于规定的标准或限值的方法。污染物的控制方法一般包括以下几个步骤：

目标制定：根据环境质量和风险评价结果，确定污染物控制的目标和要求，包括污染物的种类、浓度、排放量等。

方案选择：根据污染物的特性和来源，选择合适的控制技术或措施，包括源头控制、过程控制、终端控制等。

实施监督：根据控制方案的要求，组织实施控制技术或措施，监督检查控制效果和排放情况，及时发现和解决问题。

效果评估：根据控制目标和标准，对控制技术或措施的实施效果进行评估，包括环境效果、经济效果、社会效果等。

污染物的控制方法根据不同的对象和方式，可以分为以下几类：

源头控制：是指在污染物产生之前或产生过程中，采取改变原料、工艺、产品等方式，减少或避免污染物产生的方法，如清洁生产、绿色化学、循环经济等。

过程控制：是指在污染物从源头到终端的传输过程中，采取截留、隔离、稀释等方式，减少或阻止污染物进入环境的方法，如密闭系统、泄漏防治、排放管道等。

终端控制：是指在污染物进入环境之前或之后，采取收集、分离、转化等方式，降低或消除污染物对环境的影响的方法，如吸附法、催化法、生物法等。

几种典型污染物的监测、评价和控制方法分析

一、挥发性有机物(VOCs)

1. 挥发性有机物的来源和危害

挥发性有机物（VOCs）是一类易挥发且有毒的有机化合物，主要来源于工业生产、交通运输、生活消费等活动，对大气质量和人体健康造成严重危害。挥发性有机物的主要来源有以下几种：

工业生产：是挥发性有机物的最大排放源，主要包括石油化工、制药、印刷、涂装、合成纤维等行业，产生的挥发性有机物主要有苯、甲苯、二甲苯、甲醛、乙酸乙酯等。

交通运输：是挥发性有机物的重要排放源，主要包括汽车、飞机、船舶等交通工具，产生的挥发性有机物主要有汽油蒸气、一氧化碳、烃类等。

生活消费：是挥发性有机物的潜在排放源，主要包括家具、建材、清洁剂、化妆品等日用品，产生的挥发性有机物主要有甲醛、苯乙烯、丙酮等。

挥发性有机物对环境和人类的危害主要有以下几方面：

影响大气质量，导致光化学烟雾和臭氧污染。挥发性有机物在紫外光的作用下，与氮氧化物等反应，生成一系列次生污染物，如臭氧、过氧乙酰硝酸盐等，形成光化学烟雾，降低能见度，增加颗粒物浓度，影响大气透明度和辐射平衡。

威胁人体健康，引起各种中毒和癌症。挥发性有机物通过呼吸或皮肤接触进入人体，对人体的呼吸系统、神经系统、血液系统等造成不同程度的损害，引起头痛、眼刺激、咽喉炎、肝肾损伤等急性或慢性中毒症状，甚至导致白血病、肺癌等恶性肿瘤。

2. 挥发性有机物的监测方法

挥发性有机物的监测方法主要包括以下几种：

罐采样 / 气相色谱 - 质谱法：是一种常用的监测方法，适用于大气中多种挥发性有机物的同时测定。该方法利用罐子或袋子等容器采集空气样品，然后通过气相色谱仪将样品中的各种组分分离，并通过质谱仪对各组分进行定性和定量分析。该方法具有灵敏度高、选择性好、准确度高等优点，但也存在采样时间长、样品保存困难、仪器设备昂贵等缺点。

吸附管采样 / 热解吸 - 气相色谱 - 质谱法：是一种新型的监测方法，适用于大气中低浓度的挥发性有机物的测定。该方法利用吸附管或盘等载体采集空气样品，然后通过热解吸仪将样品中的各种组分从载体上解吸，并通过气相色谱仪和质谱仪进行分离和分析。该方法具有采样时间短、样品保存容易、灵敏度高等优点，但也存在吸附剂选择困难、载体容量小、干扰物质多等缺点。

在线分析仪法：是一种实时的监测方法，适用于大气中单一或少数几种挥发性有机物的测定。该方法利用在线分析仪直接对空气样品进行分析，无需采样和处理，可以实现连续或间歇的监测。该方法具有响应速度快、操作简便、维护方便等优点，但也存在灵敏度低、选择性差、干扰因素多等缺点。

3. 挥发性有机物的评价方法

挥发性有机物的评价方法主要包括以下几种：

暴露剂量法：是一种评价挥发性有机物对人体健康影响的方法，主要考虑污染物的浓度、暴露时间、暴露频率、暴露途径等因素，计算人体接触到的污染物总量或平均量，与相关的毒性指标或参考值进行比较，判断是否存在健康风险。

健康风险评估法：是一种评价挥发性有机物对人体健康风险水平的方法，主要包括危害识别、暴露评估、剂量反应评估和风险特征评估四个步骤，综合考虑污染物的毒性特征、暴露水平、剂量效应关系等因素，估算人体可能发生不良健康效应的概率或程度。

臭氧生成潜势法：是一种评价挥发性有机物对大气质量影响的方法，主要考虑污染物在光化学反应中与氮氧化物等反应生成臭氧的能力，与乙烯作为参考物质进行比较，计算污染物的臭氧生成潜势值，判断其对大气臭氧污染的贡献程度。

4. 挥发性有机物的控制方法

挥发性有机物的控制方法主要包括以下几种：

源头控制法：是一种在污染物产生之前或产生过程中，采取改变原料、工艺、产品等方式，减少或避免污染物产生的方法。例如，使用低挥发性或无挥发性的原料和溶剂，改进生产工艺和设备，提高原料和产品的利用率和回收率等。

终端治理法：是一种在污染物进入环境之前或之后，采取收集、分离、转化等方式，降低或消除污染物对环境的影响的方法。例如，使用活性炭、沸石等吸附剂，吸附收集挥发性有机物，然后通过热解吸或蒸汽解吸等方式进行再生和回收；使用催化剂或臭氧等氧化剂，将挥发性有机物转化为二氧化碳和水等无害物质；使用生物滤池、生物膜反应器等生物技术，利用微生物的代谢作用，将挥发性有机物降解为简单的有机酸或无机物等。

区域控制法：是一种在污染物从源头到终端的传输过程中，采取截留、隔离、稀释等方式，减少或阻止污染物进入环境的方法。例如，建立污染源清单和排放登记制度，实施总量控制和排放许可制度，规范污染源的布局和分布；设置缓冲区和隔离带，减少污染源与敏感区域的接触；增加绿化带和通风设施，改善空气流通和扩散条件。

二、重金属(HMs)

1. 重金属的来源和危害

重金属(HMs)是一类密度大于5. g/cm^{3}或相对原子质量大于40的金属或类金属元素，主要来源于工业排放、农业施肥、生活垃圾等活动，对水体、土壤和生物造成长期累积性危害。重金属的主要来源有以下几种：

工业排放：是重金属的最大排放源，主要包括冶金、电镀、化工、电子等行业，产生的重金属主要有铅、镉、铬、汞、砷等。

农业施肥：是重金属的重要排放源，主要包括化肥、农药、畜禽粪便等农业投入品，产生的重金属主要有铜、锌、镍、钴等。

生活垃圾：是重金属的潜在排放源，主要包括废弃电池、废旧电器、废弃玩具等日用品，产生的重金属主要有铅、镉、铬、汞等。

重金属对环境和人类的危害主要有以下几方面：

影响水体质量，破坏水生态系统。重金属会溶解或吸附在水体中，改变水体的化学性质，影响水体的透明度和色度，降低水体的溶氧量和pH值，影响水体中微生物和植物的生长和代谢，导致水体富营养化或缺氧现象。

影响土壤质量，破坏土壤功能。重金属会累积或迁移在土壤中，改变土壤的理化性质，影响土壤中营养元素和酶活性的平衡，抑制土壤中微生物和植物的生长和分解，导致土壤肥力下降或失效现象。

威胁人体健康，引起各种中毒和癌症。重金属会通过食物链或直接接触进入人体，对人体的消化系统、神经系统、免疫系统等造成不同程度的损害，引起恶心、呕吐、腹泻、头痛、神经衰弱等急性或慢性中毒症状，甚至导致肝癌、肾癌等恶性肿瘤。

2. 重金属的监测方法

重金属的监测方法主要包括以下几种：

原子吸收光谱法：是一种常用的监测方法，适用于水体和土壤中多种重金属的同时测定。该方法利用原子吸收光谱仪将样品中的重金属元素原子化，并测量其对特定波长的电磁辐射的吸收程度，从而进行定性和定量分析。该方法具有灵敏度高、选择性好、准确度高等优点，但也存在仪器设备昂贵、干扰因素多等缺点。

原子荧光光谱法：是一种新型的监测方法，适用于水体和土壤中低浓度的重金属的测定。该方法利用原子荧光光谱仪将样品中的重金属元素原子化，并激发其发射特定波长的荧光辐射，从而进行定性和定量分析。该方法具有灵敏度高、选择性好、干扰少等优点，但也存在仪器设备昂贵、操作复杂等缺点。

电感耦合等离子体质谱法：是一种高端的监测方法，适用于水体和土壤中多种重金属的同时测定。该方法利用电感耦合等离子体质谱仪将样品中的重金属元素电离，并根据其质荷比进行分离和检测，从而进行定性和定量分析。该方法具有灵敏度高、选择性好、准确度高等优点，但也存在仪器设备昂贵、干扰因素多等缺点。

3. 重金属的评价方法

重金属的评价方法主要包括以下几种：

单因子指数法：是一种评价水体或土壤中单一重金属水平是否达到规定标准或限值的方法，主要考虑污染物的浓度和标准值之间的比值，计算污染物的单因子指数值，判断其是否超标或超标程度。

内梅罗综合指数法：是一种评价水体或土壤中多种重金属水平是否达到规定标准或限值的方法，主要考虑污染物的单因子指数值之和，计算污染物的内梅罗综合指数值，判断其是否超标或超标程度。

地累积指数法：是一种评价土壤中多种重金属累积程度和潜在生态风险水平的方法，主要考虑污染物在土壤中与背景值之间的比值，计算污染物的地累积指数值，判断其是否富集或富集程度。

4. 重金属的控制方法

重金属的控制方法主要包括以下几种：

化学沉淀法：是一种在水体中对重金属进行消除或减少的方法，主要利用添加沉淀剂，使重金属与之发生化学反应，生成不溶性的沉淀物，从而将重金属从水体中分离出来。该方法具有操作简单、成本低、效果好等优点，但也存在沉淀物处理困难、二次污染风险等缺点。

吸附法：是一种在水体或土壤中对重金属进行消除或减少的方法，主要利用添加吸附剂，使重金属与之发生吸附作用，从而将重金属从水体或土壤中吸附出来。该方法具有选择性好、效率高、可再生等优点，但也存在吸附剂选择困难、成本高、干扰因素多等缺点。

电化学法：是一种在水体中对重金属进行消除或减少的方法，主要利用电解槽，使重金属在电场作用下发生氧化还原反应，从而将重金属从水体中沉积或析出。该方法具有灵敏度高、效果好、无二次污染等优点，但也存在能耗高、操作复杂、设备昂贵等缺点。

三、微塑料（MPs）

1. 微塑料的来源和危害

微塑料（MPs）是一类直径小于5.mm的塑料颗粒或纤维，主要来源于塑料制品的生产、使用和废弃过程，对水体、土壤和生物造成物理和化学性危害。微塑料的主要来源有以下几种：

塑料制品：是微塑料的最大来源，主要包括服装、包装、玩具等各种塑料制品，在使用或废弃过程中，由于摩擦、撕裂、磨损等原因，产生大量的微塑料颗粒或纤维。

化妆品：是微塑料的重要来源，主要包括洗发水、沐浴露、牙膏等各种化妆品，在生产或使用过程中，由于添加了聚乙烯、聚丙烯等作为磨砂剂或增稠剂的微塑料颗粒，产生大量的微塑料颗粒。

渔业活动：是微塑料的潜在来源，主要包括渔网、渔具、渔箱等各种渔业用品，在使用或废弃过程中，由于风化、老化、断裂等原因，产生大量的微塑料颗粒或纤维。

微塑料对环境和人类的危害主要有以下几方面：

影响水体质量，破坏水生态系统。微塑料会浮游或沉积在水体中，改变水体的物理性质，影响水体的透明度和色度，降低水体的溶氧量和pH值，影响水体中微生物和植物的生长和代谢，导致水体富营养化或缺氧现象。

影响土壤质量，破坏土壤功能。微塑料会累积或迁移在土壤中，改变土壤的理化性质，影响土壤中营养元素和酶活性的平衡，抑制土壤中微生物和植物的生长和分解，导致土壤肥力下降或失效现象。

威胁人体健康，引起各种中毒和癌症。微塑料会通过食物链或直接接触进入人体，对人体的消化系统、神经系统、免疫系统等造成不同程度的损害，引起恶心、呕吐、腹泻、头痛、神经衰弱等急性或慢性中毒症状，甚至导致肝癌、肾癌等恶性肿瘤。

2. 微塑料的监测方法

微塑料的监测方法主要包括以下几种：

密度分离法：是一种常用的监测方法，适用于水体和土壤中多种微塑料的同时测定。该方法利用添加密度较高的溶液，使水体或土壤样品中的微塑料与其他杂质分离，从而将微塑料从水体或土壤中分离出来。该方法具有操作简单、成本低、效果好等优点，但也存在溶液选择困难、密度范围有限、二次污染风险等缺点。

显微镜观察法：是一种常用的监测方法，适用于水体和土壤中多种微塑料的同时测定。该方法利用显微镜对分离出来的微塑料进行观察，根据其形状、颜色、大小等特征进行定性和定量分析。该方法具有选择性好、效率高、可视化等优点，但也存在操作复杂、标准缺乏、误差大等缺点。

红外光谱鉴定法：是一种新型的监测方法，适用于水体和土壤中多种微塑料的同时测定。该方法利用红外光谱仪对分离出来的微塑料进行扫描，并与数据库中的标准光谱进行比对，从而进行定性和定量分析。该方法具有灵敏度高、选择性好、准确度高等优点，但也存在仪器设备昂贵、样品处理困难、干扰因素多等缺点。

3. 微塑料的评价方法

微塑料的评价方法主要包括以下几种：

暴露剂量法：是一种评价微塑料对人体健康影响的方法，主要考虑污染物的浓度、暴露时间、暴露频率、暴露途径等因素，计算人体接触到的污染物总量或平均量，与相关的毒性指标或参考值进行比较，判断是否存在健康风险。

健康风险评估法：是一种评价微塑料对人体健康风险水平的方法，主要包括危害识别、暴露评估、剂量反应评估和风险特征评估四个步骤，综合考虑污染物的毒性特征、暴露水平、剂量效应关系等因素，估算人体可能发生不良健康效应的概率或程度。

生态风险评估法：是一种评价微塑料对水生生物和土壤生物风险水平的方法，主要包括危害识别、暴露评估、效应评估和风险特征评估四个步骤，综合考虑污染物的生态毒性、暴露水平、效应指标等因素，估算受影响生物可能发生不良生态效应的概率或程度。

4. 微塑料的控制方法

微塑料的控制方法主要包括以下几种：

源头控制法：是一种在微塑料产生之前或产生过程中，采取改变原料、工艺、产品等方式，减少或避免微塑料产生的方法。例如，使用可降解或可回收的原料和材料，改进生产工艺和设备，提高原料和产品的利用率和回收率等。

终端治理法：是一种在微塑料进入环境之前或之后，采取收集、分离、转化等方式，降低或消除微塑料对环境的影响的方法。例如，使用网格、滤网、机械筛等物理方法，将水体或土壤中的微塑料拦截或过滤出来；使用高压水流、超声波、激光等化学或物理方法，将水体或土壤中的微塑料分解或破碎为更小的颗粒；使用微生物、酶等生物方法，将水体或土壤中的微塑料降解为无害物质。

区域控制法：是一种在微塑料从源头到终端的传输过程中，采取截留、隔离、稀释等方式，减少或阻止微塑料进入环境的方法。例如，建立微塑料源清单和排放登记制度，实施总量控制和排放许可制度，规范微塑料源的布局和分布；设置缓冲区和隔离带，减少微塑料源与敏感区域的接触；增加绿化带和通风设施，改善空气流通和扩散条件。

四、总结与展望

环境污染物是指对环境造成不利影响或危害的物质或能量，包括化学物质、生物物质、放射性物质、噪声、热等。环境污染物的监测、评价和控制方法是环境管理的重要手段，旨在获取污染物的数量、性质、变化规律等信息，判断环境质量是否达标，评估环境风险水平，指导环境管理决策，检验环境政策效果。本节综述了国内外相关标准和文献，分析了不同类型的污染物的监测、评价和控制方法，比较了其优缺点和适用范围，展望了未来的发展方向。本节以挥发性有机物、重金属和微塑料为例，介绍了它们的来源、危害、监测方法、评价方法和控制方法，并提出了一些改进建议。

环境污染物的监测、评价和控制方法还存在以下几个方面的不足和挑战：

监测方法的灵敏度、选择性、准确度等仍有待提高，尤其是对于低浓度、新型或复合的污染物，需要开发更先进的仪器设备和分析技术。

评价方法的科学性、合理性、可操作性等仍有待完善，尤其是对于多种污染物的综合评价，需要建立更完善的评价模型和标准体系。

控制方法的效率、经济性、可持续性等仍有待优化，尤其是对于难降解或难处理的污染物，需要探索更绿色的控制技术和措施。

环境污染物的监测、评价和控制方法还有以下几个方面的发展趋势和机遇：

监测方法的智能化、网络化、自动化等将成为主流，利用大数据、云计算、人工智能等技术，实现对污染物的实时、连续、远程的监测和分析。

评价方法的定量化、风险化、综合化等将成为重点，利用数学模型、统计分析、系统评价等方法，实现对污染物的量化、风险化、综合化的评价和判断。

控制方法的源头化、过程化、终端化等将成为方向，利用清洁生产、循环经济、绿色化学等理念，实现对污染物的源头减少、过程控制和终端治理。

污染物对水资源利用和水生态系统服务的影响

水资源是人类生存和发展的重要基础，也是生态环境保护的重要内容。然而，随着工业化和城市化的快速发展，水资源受到了越来越严重的污染威胁。污染物对水资源利用和水生态系统服务的影响已经成为当前全球性的问题。本节将探讨污染物对水资源利用和水生态系统服务的影响，以及这些影响对人类生活和经济发展的影响。

一、污染物对水资源利用的影响

1. 水质污染

污染物会对水质造成污染，使得水体的物理、化学和生物性质发生变化。这些变化会影响水资源的利用和质量。水质污染会对人类的饮用水安全和健康造成威胁，也会对工业和农业用水造成影响。

2. 水资源短缺

污染物会消耗和污染水资源，使得水资源的数量和品质下降。水资源短缺会严重影响人类的生存和经济发展。例如，干旱和水资源短缺已经对全球的农业、能源和环境产生了重大影响。

3. 水资源管理困难

污染物会使得水资源的管理变得更加困难。在水资源管理中，需要考虑到污染物的存在和影响，这会增加水资源管理的成本和难度。

二、污染物对水生态系统服务的影响

污染物不仅对水资源利用造成影响，还会对水生态系统服务造成影响。水生态系统服务包括氧气供应、物质循环、能量流动、生态平衡等方面。

1. 氧气供应服务

污染物会使得水中的氧气减少，影响水生生物的生存和生长。水生生物需要氧气进行呼吸和代谢，如果氧气减少，就会导致水生生物死亡和生态系统的破坏。

2. 物质循环服务

污染物会干扰水生态系统的物质循环，使得水中的营养物质和化学物质失衡。这些失衡会对水生生物的生长和繁殖造成影响，导致水生生物数量的减少和生态系统的破坏。

3. 能量流动服务

污染物会干扰水生态系统的能量流动，使得能量的传递和转换受到影响。这些影响会导致水生生物的生长和繁殖受到影响，导致水生生物数量的减少和生态系统的破坏。

4. 生态平衡服务

污染物会破坏水生态系统的生态平衡，导致水生生物的数量和种类发生变化。这些变化会导致水生态系统的稳定性和健康受到影响，导致水生生物数量的减少和生态系统的破坏。

三、解决措施

为了减少污染物对水资源利用和水生态系统服务的影响，需要采取相应的解决措施。

1. 加强环保意识教育

应该加强环保意识教育，提高公众的环保意识和素质。通过宣传教育，让公众了解污染的危害和环境保护的重要性，形成良好的环保意识和行为习惯。

2. 强化环保法规建设

应该强化环保法规建设，加强对污染物排放的监管和控制。通过制定和完善相关法规和标准，限制和规范污染物的排放，加大对违法排放的处罚力度。

3. 发展清洁生产技术

应该发展清洁生产技术，推广和应用环保生产方式。通过改进生产工艺和技术，减少污染物的产生和排放，提高资源利用效率。

4. 加强环保管理

应该加强环保管理，建立健全的环保管理机制和体系。通过加强监管和管理，确保企业的生产活动符合环保法规和标准，加大对违法排放的打击力度。

五、总结

污染物对水资源利用和水生态系统服务造成了巨大的影响，已经成为了当前全球性的问题。这些影响包括水质污染、水资源短缺、水资源管理困难、氧气供应服务、物质循环服务、能量流动服务和生态平衡服务等方面。为了减少这些影响，需要采取相应的解决措施，如加强环保意识教育、强化环保法规建设、发展清洁生产技术和加强环保管理等。同时，也需要加强国际合作和交流，共同应对水环境污染问题，保护全球水资源和水生态系统，为实现可持续发展做出更大的贡献。

黄河流域城市水环境污染应急对策研究

随着城市化的进程，黄河流域的水环境污染问题日益严重。在面对水环境污染的应急情况时，我们需要采取有效的对策，以防止污染的进一步扩散和对生态环境造成更大的破坏。本节将探讨黄河流域城市水环境污染的应急对策。

一、黄河流域水环境污染现状

黄河流域的城市化进程加快，人口密集，工业发达，导致水环境污染严重。据统计，黄河流域的废水排放量每年呈上升趋势，水质污染严重，尤其是氨氮、总磷、化学需氧量等主要污染物排放量居高不下。水环境污染已经严重影响到生态系统的平衡和人类健康。

二、水环境污染对生态环境的影响

水环境污染对生态环境的影响是显而易见的。首先，水污染会对水生生物的生存造成严重影响，导致水生生物的死亡和生态系统的破坏。其次，水污染还会对土地造成影响，导致土壤肥力下降，影响农作物的生长。最后，水污染还会对空气造成影响，导致空气质量下降，对人类的健康造成威胁。

三、黄河水污染防治进展

黄河流域面积约75万平方公里，涉及青海、甘肃、四川等九省区。2015年，黄河流域常住人口约1.3亿，占全国人口的9.1%，其中城镇人口约0.7亿；GDP总量约6.28万亿元，占当年全国GDP总量的9.28%；三产比例约为9：47：43，工业增加值占比高于其他流域的平均水平。

“十一五”期间，黄河中上游被列入全国重点流域，水污染防治工作逐渐深入。“十二五”期间，黄河中上游流域COD（化学需氧量）、氨氮排放量均呈下降趋势，下降幅度分别为14.5%和11.4%。主要污染物总量大幅削减，有力支撑了流域水环境质量的改善。

2006至2016年，黄河流域水质由中度污染改善为轻度污染，国控断面Ⅰ～Ⅲ类比例提高了20.2个百分点，劣Ⅴ类比例降低了15.7个百分点。其中，干流Ⅰ～Ⅲ类比例升高了37.7个百分点，消除了劣Ⅴ类。2016年COD、氨氮浓度较2006年分别降低19.1%、

54.1%。

四、黄河流域水环境的主要问题

一是水资源开发利用不合理。2016年黄河流域水资源总量为602亿立方米，水资源开发利用率为59.2%，远超40%的生态警戒线。黄河流域用水结构中，农业用水占71.6%，工业用水占11.1%，生态环境用水不足5%。水资源的过度开发利用，与黄河流域径流量年内分布不均的特点叠加，造成部分支流生态流量不足，河流的生态环境功能受到影响。

二是工业污染尚未得到全面有效控制。黄河流域是我国重要的能源和化工基地，大量企业及工业园区沿河分布，化学原料和化学制品制造业、农副食品加工业、食品制造业等高耗水、高排污行业集中布局，而污染治污水平、环境管理水平和环境风险防控水平相对落后。近年来，黄河流域突发水污染事件时有发生，2018年环保督察中发现的部分企业非法排污、超标排污等问题，也说明工业企业实现稳定达标排放任重道远。

三是城镇生活污水处理设施负荷率偏低。根据2015年统计数据，黄河流域550座污水处理厂中，运行负荷率不足60%的有273座。甘肃、内蒙古、宁夏三省区这一问题尤为突出，运行负荷率不足60%的污水处理厂比例分别为76.1%、62.5%和57.7%。

四是部分支流水环境质量仍然较差。2016年，黄河流域145个国控断面中仍有13.8%的断面劣于Ⅴ类，主要分布在汾河、涑水河、大黑河等。其中汾河流域为重度污染，劣Ⅴ类断面比例为61.5%。

五、新时代面临的新形势

中共十八大以来，我国在生态环境保护方面深入开展了一系列根本性、开创性、长远性工作，加快推进生态文明顶层设计和制度体系建设，加强法治建设，建立并实施中央环境保护督察制度，大力推动绿色发展，深入实施大气、水、土壤污染防治三大行动计划，生态环境保护发生了历史性、转折性和全局性变化。

国务院机构改革把原环保部职责和六个部门的八项职责整合，实现了监管者统一、污染防治和生态保护职责统一，在行政管理层面打通了地上和地下、岸上和水里、陆地和海洋、城市和农村，为系统做好水污染防治和水生态保护工作奠定了基础。

2018年6月，中共中央、国务院发布《关于全面加强生态环境保护坚决打好污染防治攻坚战的意见》，要求针对重点领域，抓住薄弱环节，打好三大保卫战和七大标志性战役。其中的水源地保护、黑臭水体治理、渤海综合治理、农业农村污染治理，都和黄河流域水污染防治工作密切相关。

2017年，环保部部长李干杰在十三届全国人大一次会议上提出的“12444”思路，即围绕一个目标（水环境质量的改善）、坚持两手发力（一手抓污染减排，另一手抓扩容）、突出四种水体（集中饮用水水源地水体、黑臭水体、劣Ⅴ类水体、入江河湖海不达标的排污口水体）、加快四项整治（工业园区、生活源、农村面源的污染防治和污染整治，水生态系统的保护和修复）、强化四个支撑（强化执法督察、强化流域的协调和统筹、强化科技支撑、加强宣传引导），构建了我国水污染防治工作的基本脉络。

六、下一步的防治对策与建议

结合黄河流域的生态环境问题特征以及国家宏观治理要求，对黄河流域水污染防治思路思考如下：以改善黄河流域水环境质量为核心，构建基于控制单元的流域分区管理体系，通过污染减排与生态扩容两手发力，推进水污染治理、水生态修复、水资源保护“三水共治”，着重解决黄河流域的突出水环境问题；其中，上游及支流源头区以水源涵养和水质维护为主要任务，中游区以水污染物削减为主要任务并重点解决汾河等主要支流污染问题，下游区以黄河口等重点湿地的生态修复为主要任务。

一是深化分区管理。应在国家已经建立的三级分区体系基础上，充分考虑省、市、县的管理需求，利用已有各级水质监测断面，细化控制单元划分工作，力求在控制单元层面建立起明确的污染源－水质输入响应关系，逐步形成基于水质目标的清晰量化的环境准入、排污许可、工程建设要求，提高治理的针对性和管理的精细化水平。

二是强化污染控制。工业污染应重点关注工业集聚区的污水集中治理设施建设及自动在线监控装置应用，造纸、食品、酿造、化工等重点行业企业的稳定达标等，通过加强企业环境监管，落实企业污染的主体责任。生活污染防治应重点关注城镇污水处理设施建设与改造、污水收集管网建设与改造、污泥处理处置、城市黑臭水体治理。农业农村污染防治，在畜禽养殖污染治理方面，划定禁养区和限养区，按照种养结合的思路，重点开展大黑河、汾河、渭河、葫芦河、都斯兔河流域畜禽养殖污染治理；在种植业污染治理方面，以汾渭平原和河套灌区为重点，实施农田退水污染控制、测土配方施肥、农作物病虫害绿色防控和统防统治、高标准农田建设等；在农村环境综合整治方面，优先开展饮用水水源地汇水区等敏感区域的农村环境综合治理，深入开展三门峡、小浪底水库汇水区域农村生活污水垃圾治理。

三是强化生态扩容。合理控制水资源开发利用，提高用水效率和再生水循环利用水平，分期分批确定重点河湖生态流量（水位），作为流域水量调度的重要参考，维持河湖基本生态用水需求；实施退田还湖、河岸带水生态保护与修复、植被恢复等综合治理措施，恢复湿地生态功能。

七、应急对策

面对水环境污染的严重情况，我们需要采取以下应急对策：

加强监测：加强对黄河流域水质的监测，及时掌握水质情况，发现问题及时处理。

控制排放：加强对排污企业的监管，严格执行环保法规，减少排放量。

加强治理：加大对污染治理设施的投入，提高治理能力，确保治理效果。

增加公众参与：加强公众教育，提高公众环保意识，鼓励公众参与环保行动。

八、总结

黄河作为中国的母亲河，保护黄河是我们每个人的责任。面对黄河流域城市水环境污染的严重情况，我们需要采取有效的应急对策，以防止污染的进一步扩散和对生态环境造成更大的破坏。因此，我们应加强监测、控制排放、加强治理、增加公众参与等措施，以确保黄河流域的水环境安全。同时，我们也需要加强国际合作和交流，共同应对水环境污染问题，保护全球水资源和水生态系统，为实现可持续发展做出更大的贡献。

建立水环境污染水质预警与管理系统

水环境污染是当前全球面临的严重问题之一，对人类健康和生态环境造成了巨大的威胁。为了应对水环境污染问题，建立水环境污染水质预警与管理系统是非常必要的。本节将探讨水环境污染水质预警与管理系统的建立。

一、水环境污染水质预警与管理系统的重要性

水环境污染水质预警与管理系统是一个由监测网络、数据采集与处理系统、预警系统和管理系统组成的综合系统。通过实时监测和水质数据采集和处理，可以及时发现水环境污染问题，并采取相应的管理措施，以防止污染的进一步扩散和对生态环境造成更大的破坏。

1. 实时监测

实时监测是水环境污染水质预警与管理系统的核心功能之一。通过建立监测网络，可以对水体进行实时监测，及时发现水质变化情况，为采取相应的管理措施提供依据。

2. 数据采集与处理

数据采集与处理是水环境污染水质预警与管理系统的另一个核心功能。通过数据采集，可以获取水体的各种水质参数，如氨氮、总磷、化学需氧量等。通过数据处理，可以分析数据，提取有价值的信息，为决策提供支持。

3. 预警系统

预警系统是水环境污染水质预警与管理系统的重要功能之一。通过预警系统，可以及时发现水环境污染问题，并发出警报，为采取相应的管理措施提供依据。

4. 管理系统

管理系统是水环境污染水质预警与管理系统的另一个重要功能。通过管理系统，可以制定管理措施，对排污企业进行监管，减少排放量，提高治理能力，确保治理效果。

三、水环境污染水质预警与管理系统的建立

1. 建立监测网络

建立监测网络是水环境污染水质预警与管理系统的基础。监测网络应包括水体、排污口和环境监测站点等，以全面监测水体的水质情况。

2. 建立数据采集与处理系统

建立数据采集与处理系统是水环境污染水质预警与管理系统的关键。数据采集与处理系统应包括数据采集设备、数据处理软件和数据存储设备等，以实时监测、数据处理和分析数据，提取有价值的信息。

3. 建立预警系统

建立预警系统是水环境污染水质预警与管理系统的重要环节。预警系统应包括警报阈值、警报级别和警报通知方式等，以及时发现水环境污染问题，并发出警报。

4. 建立管理系统

建立管理系统是水环境污染水质预警与管理系统的核心。管理系统应包括排污企业管理、治理设施管理、执法监管和应急预案等，以提高治理能力，确保治理效果。

四、建立水环境综合治理应急预案

水环境污染是当前全球面临的严重问题之一，对人类健康和生态环境造成了巨大的威胁。为了应对水环境污染突发事件，保障公众健康和环境安全，建立水环境综合治理应急预案是非常必要的。

1. 应急预案内容

（1）应急组织机构

成立水环境综合治理应急指挥部，负责组织、协调、指挥水环境污染突发事件的应对工作。指挥部下设应急办公室、应急处置组、应急监测组、应急保障组等。

（2）应急监测与预警

建立水环境监测网络，对重点水体、排污口、敏感区域进行实时监测和定期巡查。发现异常情况时，及时启动预警程序，通知相关单位和人员采取应对措施。

2. 应急处置

针对不同等级的水环境污染突发事件，制定相应的应急处置方案。包括污染源控制、水质监测、应急物资调度、人员疏散等方面。确保在突发事件发生时，能够迅速、有效地采取应对措施。

3. 应急保障

建立应急物资储备制度，确保应急物资的充足供应。加强应急队伍建设，提高应急处置能力。建立应急通信保障体系，确保应急过程中的通信畅通。

4公众教育和信息发布

加强水环境综合治理应急知识的宣传教育，提高公众的应急意识和自救能力。建立信息发布机制，及时向社会公布突发事件的相关信息，避免谣言和误传。

通过实施水环境综合治理应急预案，能够有效应对水环境污染突发事件，减少对环境和公众健康的影响。同时，预案的实施还能够提高政府和相关单位的应急处置能力，为保障公众健康和环境安全提供有力支持。

五、建立水环境污染后利益相关方协调方案

水环境污染对生态环境和人类健康造成巨大威胁，涉及众多利益相关方，包括政府、企业、居民和环保组织等。为了有效应对水环境污染问题，需要建立利益相关方协调方案，以促进合作、共享信息、共同解决问题。

1. 协调方案内容

（1）建立协调机构

成立水环境污染利益相关方协调委员会，负责组织、协调和监督各利益相关方的合作。委员会应包括政府代表、企业代表、居民代表和环保组织代表等，确保各方的利益得到充分考虑。

（2）共享信息

建立信息共享平台，及时公布水环境污染监测数据、治理措施和政策法规等相关信

息。促进各利益相关方之间的信息交流，减少信息不对称和误解。

（3）共同治理

各利益相关方共同参与水环境治理，发挥各自优势和资源，协同解决问题。政府提供政策支持和监管，企业履行环保责任，居民参与环境保护，环保组织提供技术和资金支持等。

（4）责任承担

明确各利益相关方在水环境污染治理中的责任，政府承担主导责任，企业承担直接责任，居民和环保组织发挥监督和支持作用。确保各方责任得到有效落实。

（5）纠纷解决

建立纠纷解决机制，通过协商、调解等方式解决各利益相关方之间的争议。对于无法解决的问题，采取仲裁或法律途径进行解决。

2. 实施效果

通过实施水环境污染后利益相关方协调方案，能够促进各方的合作和信息共享，提高水环境治理效率。同时，方案能够明确各方的责任和义务，减少纠纷和冲突，为水环境污染问题的解决提供有力支持。

建立水环境污染后利益相关方协调方案，能够促进各方的合作和共同解决问题，提高水环境治理效果。应加强方案的实施和管理，确保各方的利益得到充分考虑，为保护水资源和生态环境做出更大的贡献。

六、总结

水环境污染是当前全球面临的严重问题之一，对人类健康和生态环境造成了巨大的威胁。为了应对水环境污染问题，建立水环境污染水质预警与管理系统是非常必要的。通过实时监测、数据采集与处理、预警系统和管理工作，可以及时发现水环境污染问题，并采取相应的管理措施，以防止污染的进一步扩散和对生态环境造成更大的破坏。因此，应加强水环境污染水质预警与管理系统的建立，为保护水资源和生态环境做出更大的贡献。

第六章　水环境治理技术

生物技术在水环境治理中的应用

随着工业和农业的发展，水环境污染问题越来越严重。传统的物理和化学方法在处理水环境污染问题时存在着一些缺点，如处理效率低、产生二次污染等。因此，生物技术逐渐被广泛应用于水环境治理中。本节将介绍生物技术在水环境治理中的应用。

一、生物技术的概述

生物技术是一种利用生物体系的分子和细胞等组成部分，进行改造和优化，以实现环境保护、医疗保健、农业增产等领域的应用技术。生物技术包括基因工程、细胞工程、酶工程和发酵工程等。生物技术在水环境治理中的应用包括生物膜法、固定化微生物技术、生物强化技术和藻类养殖技术等。这些技术具有处理效率高、能够持续处理废水、不易产生二次污染等优点，但也存在一些缺点，如微生物的适应性问题、处理时间较长、成本较高等。

生物技术在水环境治理中具有广泛的应用前景，但需要进一步研究和改进，以提高其处理效率和降低其成本，以更好地应用于水环境治理中。

二、生物技术在水环境治理中的应用

1. 生物膜法

生物膜法是一种利用生物膜分离水中的污染物质的方法。该方法将废水通过一层生物膜，废水中的有机物质被生物膜上的微生物吸附和降解，从而达到废水净化的目的。生物膜法具有处理效率高、能耗低、操作简单等优点，已被广泛应用于废水处理中。

2. 固定化微生物技术

固定化微生物技术是一种利用微生物将废水中的有机物质转化为无害物质的方法。该技术通过将微生物固定在特定的载体上，使微生物能够反复利用，提高微生物的浓度和处理效率。固定化微生物技术具有处理效率高、能够持续处理废水、不易产生二次污染等优点，已被广泛应用于废水处理中。

3. 生物强化技术

生物强化技术是一种利用高性能微生物处理废水的方法。该技术通过向废水中添加高性能微生物，提高废水处理效率。生物强化技术具有处理效率高、能够快速处理废水等优点，已被广泛应用于废水处理中。

4藻类养殖技术

藻类养殖技术是一种利用藻类吸收废水中的氮、磷等营养物质的方法。该技术通过将藻类养殖在废水中，让藻类吸收废水中多余的氮、磷等营养物质，从而达到废水净化的目的。藻类养殖技术具有处理效率高、能够产生生物能源等优点，已被广泛应用于废水处理中。

三、生物技术的优缺点

1. 生物技术的优点

(1)处理效率高:生物技术能够高效地处理废水中的有机物质,具有较高的处理效率。

(2)能够持续处理废水：生物技术能够持续处理废水，具有较长的使用寿命。

(3)能够产生生物能源：生物技术能够利用废水中多余的氮、磷等营养物质，产生生物能源。

(4)不易产生二次污染：生物技术处理废水的过程中，不会产生过多的二次污染。

2. 生物技术的缺点

(1)微生物的适应性问题：生物技术中的微生物可能不适应废水的环境，导致处理效率下降。

(2)处理时间较长：生物技术处理废水的时间较长，需要一定的处理时间。

(3)生物技术的成本较高：生物技术的设备和运行成本较高，需要一定的投资。

四、总结

生物技术在水环境治理中具有广泛的应用前景。生物技术具有处理效率高、能够持续处理废水、不易产生二次污染等优点，但也存在一些缺点，如微生物的适应性问题、处理时间较长、成本较高等。未来，需要进一步研究和改进生物技术，提高其处理效率和降低其成本，以更好地应用于水环境治理中。

吸附剂在水处理中的应用

吸附法被认为是一种简单、快速、有效的水处理方法，该技术的成功应用很大程度上取决于吸附剂的高效发展。近年来，生物吸附材料磁化后所得的磁性生物吸附剂受到人们广泛的关注。磁化后的生物吸附材料可通过磁分离技术实现固液的简单分离，同时磁性生物吸附剂具有机械强度高、化学稳定性好、吸附性能好、廉价和易于再生等优点，因此，磁性生物吸附剂在水处理工程中具有很好的应用前景。

一、磁性生物吸附剂的制备方法

磁性生物吸附剂的制备是通过采用物理或化学的手段对游离的生物质进行改性使其具有磁性的过程。目前，磁性生物吸附剂的制备方法主要有表面附着法、共价结合法、混合包埋法和反相悬浮交联法。

1. 表面附着法

表面附着法是指在一定的环境条件下，通过生物吸附剂与铁磁流体之间的物理吸附作用使得铁磁流体附着在生物吸附剂表面，从而实现生物吸附剂的磁化。有学者采用表面附着法制备了磁性生物吸附剂。其制备方法为：将饲料酵母细胞加入到2.mL 0.1 mol/L 的甘氨酸 -NaOH 缓冲液中制成悬浮液，保持 pH 为10.6，然后加入0.3.mL 用四甲基氢氧化铵固定的铁磁流体（pH 为13.0，质量浓度为29.1 g/L），混合液在试样搅拌器中搅拌1 h，然后将磁化后的酵母细胞用盐液清洗几次并通过磁力分离器分离后在4.℃下于盐液中存放备用。也有学者将铁磁流体和溶于醋酸盐缓冲溶液中的酿酒酵母菌以1 ∶ 3. 的体积比混合，并保持 pH=4.6，经过一段时间后磁性颗粒沉淀在细胞表面使得大部分细胞被磁化，然后采用磁分离技术对其进行分离，对分离得到的样品先后用醋酸盐缓冲溶液和质量分数为0.85% 的 NaCl 溶液进行洗涤，最后在沸水浴中加热2.min 以使细胞失活而得到稳定的磁性生物吸附剂。该方法操作简单，但由于铁磁流体与生物吸附剂是通过物理吸附作用结合的，因而铁磁流体容易脱落，稳定性差。

2. 共价结合法

共价结合法是利用生物质表面的官能团和磁性载体表面的反应基团间形成的化学共

价键相连接，从而使生物吸附剂具有磁性，此法所用的生物质细胞通常是无活性的。该法也可先在磁性载体表面引进各种偶联剂（如氨基硅烷类、碳化二亚胺、戊二醛），然后再与生物质细胞表面的官能团进行反应而得到磁性生物吸附剂。

3. 混合包埋法

包埋法是用物理方法将生物质和磁性颗粒截留在水不溶性的凝胶聚合物空隙的网络空间内使其固定并实现磁化。包埋可以采用1种载体或多种载体，目前应用最多的载体是海藻酸盐和聚乙烯醇。

4. 反相悬浮交联法

反相悬浮交联法制备磁性生物吸附剂首先是将生物质溶解在酸性水溶液中，再将磁性颗粒分散在该溶液中，加入一定量油相溶剂，如石蜡等，形成油包水的反相体系，再加入交联剂，如甲醛、戊二醛等，在一定温度条件下进行交联反应，形成磁性生物吸附剂。

二、磁性生物吸附剂在水处理中的应用

1. 重金属离子的去除

重金属是对生态环境危害极大的一类污染物，其进入环境后不能被生物降解，而往往是参与食物链循环并最终在生物体内积累，破坏生物体正常的生理代谢活动，危害人体健康。近年来，已有一些关于采用磁性生物吸附剂处理重金属废水的研究报道。磁性生物吸附剂不仅可用于重金属离子的吸附而且还可用于吸附回收贵重金属离子和稀土金属离子。

2. 其他

磁性生物吸附剂主要应用于吸附废水中的重金属离子和染料分子，同时它也能用于吸附处理废水中的酚类物质、蛋白质和氟化物等。方华等进行了磁性壳聚糖微球吸附2，4－二氯苯酚的研究，结果表明在最佳吸附条件下，吸附量为1.70mg/g，去除率在80%以上。李晓飞等利用磁性 ZnFe204 壳聚糖微球吸附处理苯酚废水，结果表明该磁性生物吸附剂能有效去除废水中的苯酚，去除率达到64%左右。董海丽等用磁性壳聚糖微球吸附大豆乳清废水中的蛋白质的实验表明，在吸附剂质量浓度为25.g/L、接触时间为10 min、温度为30℃、pH 为5. 的条件下，蛋白质去除率达到最高，为95.6%，说明磁性壳聚糖微球能有效去除大豆乳清废水中的蛋白质。Wei Ma 等在将磁性壳聚糖应用于含氟废水的处理时发现，磁性壳聚糖对氟化物具有较好的吸附效果。

三、总结和展望

磁性生物吸附剂以其特有的优点在水处理领域越来越受到关注，其对水中的重金属

离子、染料分子及其他难处理污染物有良好的吸附性能，但要实现其未来的实用化或工业化，还需在以下方面进行更深入的研究：(1)扩大用于磁化的生物质材料的研究范围，如深入研究真菌、细菌和海藻等，从而得到更高效、廉价的材料以制备磁性生物吸附剂；(2)系统研究磁性生物吸附剂吸附的最佳条件，从而提高吸附效果并为未来磁性生物吸附剂工业化打下基础；(3)研究磁性生物吸附剂在水处理中的吸附机理，开发吸附过程的预测模型，为将磁性生物吸附剂在实验室中的研究转向实际的应用创造条件。相信通过不断地改进研究，磁性生物吸附剂必将在水处理中得到广泛应用。

活性炭吸附技术在水处理中的应用

工业循环冷却水系统在运行过程中，由于水分蒸发、风吹损失等情况使循环水不断浓缩，其中所含的盐类超标，阴阳离子增加、pH 值明显变化，致使水质恶化，而循环水的温度，PH 值和营养成分有利于微生物的繁殖，冷却塔上充足的日光照射更是藻类生长的理想地方。而结垢控制及腐蚀控制、微生物的控制等等，必然的需要进行循环水处理。

一、问题分析

循环水运行过程中主要产生的问题：

水垢：由于循环水在冷却过程中不断地蒸发，使水中含盐浓度不断增高，超过某些盐类的溶解度而沉淀。常见的有碳酸钙、磷酸钙、硅酸镁等垢。水垢的质地比较致密，大大的降低了传热效率，0.6毫米的垢厚就使传热系数降低了20%。

污垢：污垢主要由水中的有机物、微生物菌落和分泌物、泥沙、粉尘等构成，垢的质地松软，不仅降低传热效率而且还引起垢下腐蚀，缩短设备使用寿命。

腐蚀：循环水对换热设备的腐蚀，主要是电化腐蚀，产生的原因有设备制造缺陷、水中充足的氧气、水中腐蚀性离子(Cl-、Fe2+、Cu2+)以及微生物分泌的黏液所生成的污垢等因素，腐蚀的后果十分严重，不加控制极短的时间即使换热器、输水管路设备报废。

(4)微生物粘泥：因为循环水中溶有充足的氧气、合适的温度及富养条件，很适合微生物的生长繁殖，如不及时控制将迅速导致水质恶化、发臭、变黑，冷却塔大量黏垢沉积甚至堵塞，冷却散热效果大幅下降，设备腐蚀加剧。因此循环水处理必须控制微生物的繁殖。

二、微生物危害

循环冷却水中的微生物来自两个方面。一是冷却塔在水的蒸发过程中需要引入大量的空气，微生物也随空气带入冷却水中，二是冷却水系统的补充水或多或少都会有微生物，这些微生物也随补充水进入冷却水系统中。藻类在日光的照射下，会与水中的二氧化碳、碳酸氢根等碳源起光合作用，吸收碳素作营养而放出氧，因此，当藻类大量繁殖时，会增加水中溶解氧含量，有利于氧的去极化作用，腐蚀过程因此而加速。微生物在循环水系统中的大量繁殖，会使循环水颜色变黑，发生恶臭，污染环境。

同时，会形成大量黏泥使冷却塔的冷却效率降低，木材变质腐烂。黏泥沉积在换热器内，使传热效率降低和水头损失增加，沉积在金属表面的黏泥会引起严重的垢下腐蚀，同时它还隔绝了缓蚀阻垢剂对金属的作用，使药剂不能发挥应有的缓蚀阻垢效能。微生物黏泥除了会加速垢下腐蚀外，有些细菌在代谢过程中，生物分泌物还会直接对金属构成腐蚀。所有这些问题导致循环水系统不能长期安全运转，影响生产，造成严重的经济损失，因此，微生物的危害与水垢、腐蚀对冷却水系统的危害是一样的严重，甚至可以说，三者比较起来控制微生物的危害是首要的。

循环水中微生物的动向可以通过以下化学分析项目进行测量：

（1）余氯（游离氯）

加氯杀菌时要注意余氯出现的时间和余氯量，因为微生物繁殖严重时就会使循环水中耗氯量大大地增加。

（2）氨

循环水中一般不含氨，但由于工艺介质泄漏或吸入空气中的氨时也会使水中出现含氨，这时不能掉以轻心，除积极寻找氨的泄漏点外，还要注意水中是否含有亚硝酸根，水中的氨含量最好是控制在10mg/l以下。

（3）NO_2－

当水中出现含氨和亚硝酸根时，说是水中已有亚硝酸菌将氨转化为亚硝酸根，这时循环水系统加氯将变为十分困难，耗氯量增加，余氯难以达到指标，水中NO_2－含量最好是控制在小于1mg/l。

（4）化学需氧量

水中微生物繁殖严重时会使COD增加，因为细菌分泌的黏液增加了水中有机物含量，故通过化学需氧量的分析，可以观察到水中微生物变化的动向，正常情况下水中COD最好小于5mg/l（KMnO4法）。循环水中微生物所造成的危害是十分严重的，如果要在微生物造成危害之后采取措施往往是事倍功半还要耗费大量的杀生剂和金钱。因此，事先全面监测循环冷却水的微生物情况是十分必要的，浓水倍数循环水浓缩倍数是指循环水系统在运行过程中，由于水分蒸发、风吹损失等情况使循环水不断浓缩的倍率（以补充水作基准进行比较），它是衡量水质控制好坏的一个重要综合指标。浓缩倍数低，耗水量、排污量均大且水处理药剂的效能得不到充分发挥；浓缩倍数高可以减少水量，节约水处理费用；可是浓缩倍数过高，水的结垢倾向会增大，结垢控制及腐蚀控制的难度会增加，水处理药剂会失效，不利于微生物的控制，故循环水的浓缩倍数要有一个合理的控制指标。

水垢的形成在循环水系统中，水垢是由过饱和的水溶性组分形成的，水中溶解有各种盐类，如碳酸氢盐、碳酸盐、氯化物、硅酸盐等，其中以溶解的碳酸氢盐如 Ca（HCO_3）2 $MgHCO_3)_2$最不稳定，极容易分解生成碳酸盐，因此，当冷却水中溶解的碳酸氢盐较多时，水流通过换热器表面，特别是温度较高的表面，就会受热分解；水中溶有磷酸盐与钙离子时，也将产生磷酸钙的沉淀；碳酸钙和 $Ca_3(PO_4)_2$等均属难溶解度与一般的盐类还不同，其溶解度不是随温度的升高而加大，而是随着温度的升高而降低。因此，在换热器传热表面上，这些难溶性盐很容易达到过饱和状态而水中结晶，尤其当水流速度小或传热面较粗糙时，这些结晶沉淀物就会沉积在传热表面上，形成通常所称的水垢，由于这些水垢结晶致密，比较坚硬，又称之为硬垢，常见的水垢成分为：碳酸钙，硫酸钙，磷酸钙，镁盐，硅酸盐。

循环水处理技术根据企业循环水系统的特点和工艺条件，结合当地的水质特点，选择适合企业运行条件的水处理方案，通过加药等措施，控制循环水指标在一定范围内运行，既保证生产设备的长周期运行，又提高了循环水利用率。循环水处理技术的利用，既能给企业带来显著的经济效益，又能为社会带来良好的社会效益。所以循环水处理技术应用是非常有必要的。

三、循环水处理常见药剂

1. 防堵塞剂

型号：MJ710成份：环保型复合晶体成份；性能特点：去除流体管道设备\机器中生成的锈垢和污垢。适用于钢、不锈钢、铁、铜、铅、陶瓷、塑胶管等管路清洗。对设备本身结构没有影响。使用范围：钢、不锈钢、铁、铜、铅、陶瓷、塑胶管等管路，大部份流体回路设备。环境安全：环保型，无味无挥发性气体产生，正常使用不会对器件造成过腐蚀。一般化学品，但需做好个人防护（使用时请配带橡胶手套），皮肤接及眼睛接触请用水清洗，具体操作请参考 MSDS；参考用量请咨询相关销售人员。使用说明：水溶性物质，溶解使用;包装与存储:25KG 牛皮袋内衬塑料包装;存放在于室内阴凉通风干燥处，不用时密封，保质期为1年6个月—2年。

2. 沉膜防锈剂

型号:MJ740成份:成膜剂，纳米氧化锌分散体，防腐抗氧化剂等。性能特点:水基型，涂覆性优良；使用范围：主要用于水基流体管道设备内壁防锈抗氧化；适用于不锈钢、碳钢、铸铁、铝、铜等内表面防腐防锈，有杀菌作用。环境安全:环保型水溶性防锈溶液;不含亚硝酸盐和有机磷，不产生挥发性有毒物质；不慎与身体直接接触，请首先用大量清水清洗。使用说明：直接添加到循环水体中，添加量300—800PPM，不用换水；不会对器件造成不良影响，防锈期可达3个月。包装与存储：10/25KG 桶；存放在于室内阴凉处，密封。

四、活性炭的物理化学特性

1. 活性炭(AC)

活性炭是常用的一种非极性吸附剂，性能稳定，抗腐蚀，故应用广泛。它是一种具有吸附性能的炭基物质的总称。把含碳的有机物质加热炭化，去除全部挥发物，在经药品(如 ZnC12等)或水蒸汽活化,制成多孔性炭素结构吸附剂。活性炭有粉状和粒状两种，工业上多采用粒状活性炭。

由于原料和制法的不同，其孔径分布不同，一般分为：碳分子筛，孔径在10×10-10m 以下；活性焦炭，孔径20×10-10 以下；活性炭，孔径在50×10-10m 以下。

2. 活性炭纤维(ACF)

活性炭纤维是一种新型吸附功能材料，它以木质素、纤维素、酚醛纤维、聚丙烯纤维、沥青纤维等为原料，经炭化和活化制的。与活性炭相比较特有的微孔结构，更高的外表面和比表面积以及多种官能团，平均细孔直径也更小，通过物理吸附以及物理化学吸附等方式在废水、废气处理、水净化领域得到了广泛应用。

纤维状活性炭微孔体积占总孔体积90% 左右，其微孔孔径大部分在1nm 左右，没有过度孔和大孔。比表面积一般为600 ～ 1200m^2/g，甚至可达3000m^2/g。活性炭纤维脱附再生速率快，时间短，且其性能不变，这一点优于活性炭。与活性炭一样，活性炭纤维吸附时无选择性，主要用于吸附有机污染物，一般用于炼油厂综合废水处理。

五、活性炭的吸附作用与吸附形式

1. 活性炭处理

指利用活性炭作为吸附剂和催化剂载体的有关过程。主要应用于生活饮用水深度净化，城市污水处理，工业废水的处理。

2. 吸附作用与吸附形式

将溶质聚集在固体表面的作用称为吸附作用。活性炭表面具有吸附作用。吸附可以看成是一种表面现象，所以吸附与活性炭的表面特性有密切关系。活性炭有巨大的内部表面和孔隙分布。它的外表面积和表面氧化状态的作用是较小的，外表面是提供与内孔穴相通的许多通道。表面氧化物的主要作用是使疏水性的炭骨架具有亲水性，使活性炭对许多极性和非极性化合物具有亲和力。活性炭具有表面能，其吸附作用是构成孔洞壁表面的碳原子受力不平衡所致，从而引起表面吸附作用。

四、活性炭吸附技术在水处理中的应用

1. 活性炭吸附技术应用于水处理中的概况

实践证明，活性炭是用于水和废水处理较为理想的一种吸附剂，研究活性炭用于水和废水处理已有十年的历史。近二十年来，由于活性炭的再生问题得到了较为满意的解决，同时，活性炭的制造成本也有了降低，活性炭吸附技术在国内外才逐渐推广使用，目前使用最多的是三级废水处理和给水除臭。20世纪60年代初，欧美各国开始大量使用活性炭吸附水源净化的有效手段。我国20世纪60年代已将活性炭用于二硫化碳废水处理，自70年代初以来，粒状活性炭处理工业废水，不论在技术上，还是在应用范围和处理规模上都发展很快。在炼油废水、炸药废水、印染废水、化工废水、电镀废水等处理都已在生产上形成较大规模的应用，并取得了满意的效果。

2. 活性炭在废水处理中的应用

活性炭有不同的形态，目前在水处理上仍以粒状和粉状两种为主。粉状炭用于间歇吸附，即按一定的比例，把粉状炭加到被处理的水中，混合均匀，藉沉淀或过滤将炭、水分离，这种方法也称为静态吸附。粒状炭用于连续吸附，被处理的水通过炭吸附床，使水得到净化，这种方法在形式上与固定床完全一样，也称为动态吸附。能被活性炭吸附的物质很多，包括有机的或无机的，离子型的或非离子型的，此外，活性炭的表面还能起催化作用，所以可用于许多不同的场合。

活性炭对水中溶解性的有机物有很强的吸附能力，对去除水中绝大部分有机污染物质都有效果，如酚和苯类化合物、石油以及其他许多的人工合成的有机物。水中有些有机污染物质难于用生化或氧化法去除，但易被活性炭吸附。

由于活性炭吸附处理的成本比其他一般处理方法要高。所以当水中有机物的浓度较高时，应采用其他较为经济的方法先将有机物的含量降低到一定程度在进行处理。在废水处理中，通常是将活性炭吸附工艺放在生化吹的后面，称为活性炭三级废水处理，进

一步减少废水中有机物的含量，去除那些微生物不易分解的污染物，使经过活性炭处理后的水能达到排放标准的要求，或使处理后的水能回到生产工艺中重复使用，达到生产用水封闭循环的目的。

活性炭吸附有机物的能力是十分大的，在三级废水处理中，每克活性炭吸附的COD可达到本身质量的百分之几十。在废水处理厂中增加了三级废水处理能使BOD的去除效果达到95%。活性炭以物理吸附的形式去除水中的有机物，吸附前后被吸附的性质并未变化，如果能采用适当的解吸方法，还能回收水中有价值的物质。如果把粉状活性炭投入爆气设备中，炭粉与微生物形成了一种凝聚体，可使处理效果超过一般的二级生物处理法，出水水质接近于三级处理。此外，还能够使活性炭污泥变得缜密和结实，降低出水浑浊度，提高二级处理的水力负荷。粉状炭可以间断地加入，对于现有的二级处理厂可在不增加三级处理投资的情况下，提高处理效果。

3. 粉状活性炭在给水处理中的应用

粉状活性炭在给水处理中的应用已有70年左右的历史。自从美国首次使用粉状活性炭去除氯酚产生的臭味以后，活性炭成为给水处理中去除色、嗅、味和有机物的有效方法之一。国外对粉状活性炭吸附性能做的大量研究表明：粉状活性炭对三氯苯酚、农药中所含有机物，三卤甲烷及前体物以及消毒副产物三氯醋酸、二氯醋酸和二卤乙腈等均有很好的吸附效果，对色、嗅、味的去除效果已得到公认。

粉状活性炭在欧洲、美国、日本等地的应用很普遍，美国20世纪80年代初期每年在给水处理中所用粉状活性炭约25万吨，且有逐年增加的趋势。我国20世纪60年代末期开始注意污染水源的除嗅、除味问题。粉末活性炭在上海、哈尔滨、合肥、广州都曾试用过。

粉状活性炭应用的主要特点是设备投资低，价格便宜，吸附速度快，对短期及突发性水质污染适应能力强。自来水厂中应用粉状活性炭吸附技术，是一项非常有前景的技术。但是，由于未能很好地解决该技术在应用方面存在的局限性，仍然难以发挥粉状活性炭技术的优势，导致该技术应用不能达到实际效果。

吸附水环境治理技术

根据吸附作用的形式可将吸附法分为物理吸附、电吸附和生物吸附。结合国内外有关吸附水处理技术的研究进展，总结三种吸附形式的作用机理，基于三种作用对各自去除对象吸附机理的差异，分别考察三种吸附技术的应用领域，总结其在各自应用领域的研究进展与发展趋势。

一、吸附技术分类

当流体与多孔固体接触时，流体中某一组分或多个组分在固体表面处产生积蓄，此现象称为吸附。吸附也指物质（主要是固体物质）表面吸住周围介质（液体或气体）中的分子或离子现象。作为一种污水常规处理及深度处理的方法，吸附法在水处理领域得到了广泛的应用。根据吸附作用机理的不同，可将吸附作用分为三种：物理吸附、电吸附和生物吸附。其中物理吸附种类及形式较多，最具代表性的为活性炭吸附作用，目前活性炭吸附作用已经广泛应用于污水常规处理及污水深度再生处理等方面。电吸附作用依靠其对离子吸附去除作用而主要被应用于脱盐、苦咸水处理、重金属等有害离子去除等方面。生物吸附技术作为一种高效、廉价、吸附速度快、便于储存及易于分离回收重金属的重金属废水处理工艺而受到人们的关注。

二、物理吸附

物理吸附是由范德华力所引起的吸附，是一种常见的吸附作用，其吸附材料种类众多，应用及其广泛，其中最为典型的物理吸附为活性炭吸附作用。

1. 活性炭的性能及特点

活性炭吸附的作用产生于物理吸附和化学吸附。物理吸附主要发生在活性炭丰富的微孔中，用于去除水和空气中杂质，这些杂质的分子直径必须小于活性炭的孔径。另一方面活性炭在其表面含有官能团，与被吸附的物质发生化学反应，从而与被吸附物质常发生在活性炭的表面，此过程为化学吸附。活性炭的吸附是上述两种吸附综合作用的结果。评价活性炭的吸附性能指标主要有亚甲蓝值、碘值和焦糖吸附值等，吸附容量越大，吸附效果越好。

2. 活性炭在水处理中的应用

（1）常规污水处理

随之我国环保事业的不断发展，污水处理排放标准的不断提高，鉴于活性炭良好的吸附性能，其对污水中各种污染区均有较好的去除效果。同时活性炭吸附常作为一种应急事故处理工艺使用，当湖泊、江河受到有毒有害物质严重污染时，通常采用投加活性炭的方式作为事故的应急处理措施，如2010年的松花江苯污染事件。

（2）污水深度再生处理

常规城市二级处理工艺出水无法到回用水质要求，活性炭吸附工艺成为污水再生回用处理的重要环节，同时配合臭氧使用的臭氧活性生物碳工艺由于其对各种污染物良好的去除效果而受到广泛应用。

（3）饮用水处理

以地表水作为饮用水源的常规给水处理工艺中要求出水必须经过过滤处理。一般采用石英砂滤料，但对于出水水质要求较高的情况，活性炭滤池将发挥其良好的处理效果。同时对于采用双层滤料的水厂而言，活性炭也将成为其推荐材料。

（4）脱色、除重金属等

活性炭巨大的比便面积对色度、嗅闻具有较好的去除效果，因此被广泛应用于脱色、除臭等方面。同时活性炭工艺也被应用于冶炼、电解、医药、油漆、合金、电镀、纺织印染、造纸、陶瓷与尤机颜料制造的工业领域对重金属的去除。

三、电吸附

1. 电吸附的原理及其特点

电吸附是近些年发展起来的一种新型水处理方法，是通过施加电压或电流，在电极表面吸附溶液中的带电粒子，当电极饱和后可以通过施加反向电场使电极再生。它具有运行成本十分低廉、应用范围广、操作方便、可靠、几乎无须检修以及不产生任何导致环境污染的二次排放物等特点。

2. 电吸附应用进展

（1）苦咸水处理

海水及苦咸水脱盐淡化是解决全球水资源危机的重要途径，海水淡化方法主要包括蒸馏法、膜法、结晶法、溶剂萃取法和离子交换法等，然而这些方法分别存在能耗大，成本高，结垢情况严重等局限性，需要开发更加经济环保的海水淡化方法。代凯等自制了电吸附模型，将电压稳定在2.0V，水通量为10mL/min，盐质量浓度为5000mg/L，当电极数目为60片时，出水盐质量浓度可以达到500mg/L，脱盐率达到90%。

（2）电吸附去除废水中重金属离子和其他有害离子

废水（尤其是工业废水）中有大量的重金属离子和其他有害离子，对人体和环境危害很大。鉴于电吸附对离子良好的去除作用，人们开始不断尝试采用电吸附反处理废水中重金属离子及其他有害离子。其中典型的代表为Afkhami 等用高比表面积碳布对水溶液中 Cr（VI）、Mo（VI）、W（VI）、（IV）和 V（V）进行吸附和电吸附实验研究；孙奇娜等关于载钛活性炭电吸附去除水中 Cr（VI）的研究；陈榕等关于活性炭毡对 SCN- 的电吸附行为实验研究。

(3)电吸附去除废水中各种有机物

在电吸附对重金属离子良好去除效果的同时，人们开始关注其对各种有机物的去除效果。Ania 等研究发现阳极极化能明显提高除草剂噻草平在活性碳布上的吸附率。Kitous 等研究发现，在电极上施加 -50mV 的电压后，固定床的吸附容量比不加电压时吸附速率和吸附率都提高1倍。电吸附也可用于染料废水脱色。另外研究表明，电吸附对多种溶液中有机物的去除都有明显效果。

四、生物吸附技术

1. 生物吸附技术的原理及特点

生物吸附剂指具有从重金属废水中吸附分离重金属能力的生物质及衍生物。它最早被用于水溶液体系中重金属等无机物的分离，近来也被用于染料、杀虫剂等生物难降解和有毒害有机物的分离与富集。目前，生物吸附剂以其高效、廉价、吸附速度快、便于储存及易于分离回收重金属等优点，已引起国内外研究者的广泛关注。

2. 生物吸附技术的应用进展

近30年来国内外在细菌、真菌、海藻应用于生物吸附方面均做了大量的研究。其中海藻是其中研究较多的，这可能与海藻来源广泛、蕴藏丰富有关。KratOChvil D 等人进行了海藻生物去除 Cr^{3+} 的研究，海藻通过离子交换去除铬。Yesim Sag 等研究 Rhizopus arrhizus 细胞干粉作为生物吸附剂时对 Pb^{2+}、Ni^{2+} 和 Cu^{2+} 单一金属和多金属离子共同吸附的特性。秦益民等对天然海带进行化学处理，研究了改性海带对铜离子的吸附能力。化学改性提高了海带对铜离子的吸附能力，在废水处理中有很高的应用价值。范文宏等以海藻酸钠、明胶和海带粉为原料制备了固定化海带生物吸附剂。

五、总结

吸附技术作用一种水处理的常见工艺，具有广阔的开发应用前景。其中物理吸附主要应用于污水常规处理、污水深度再生处理、工业废水处理、除色度、嗅闻等方面。电吸附主要用于去除污水中离子，因此主要应用于除盐、海水淡化、重金属等有毒有害离子去除等方面。生物吸附作为一种新兴技术，在污水中重金属的去除与回收领域有着广阔前景。

黄河流域生态环境治理途径

从古至今，黄河治理工作任重而道远。自然和人为的双重因素导致的黄河流域生态环境问题成为当前阻碍经济社会持续健康稳定发展的重要原因简要分析了黄河流域生态环境存在的问题及其原因，进而对黄河流域生态环境治理的重要性进行阐述，最后提出了加强黄河流域生态环境治理的几条主要途径。

一、黄河流域生态环境存在的问题及其成因

1．黄河流域的水质污染问题严重

水污染问题是黄河流域生态环境治理的重中之重，严重的水质污染不仅威胁着农业生产，而且对黄河流域的人居环境带来了严重威胁，而造成当前黄河流域水质严重污染的因素是多重的。一是工业废水的排放，我国的工业发展起步较晚，尤其是黄河中上游地区的工业发展仍然没有摆脱“以牺牲环境为代价”的发展模式，工业废水的排放管理存在许多漏洞，中上游地区大大小小的工厂直接建在黄河两岸，工业生产过程中产生的废水或其他有毒有害物质未经处理就排入黄河的主干或径流，最终导致工业废水污染问题一直存在。二是农业化肥的大量使用导致的水质污染，化肥的出现和使用在一定程度上极大地提高了粮食产量，但由于其中含有的大量氮磷钾等元素融入土壤和水中，后经多种渠道和方式排入黄河之中，大量使用化肥也是造成黄河水质污染的重要因素。三是生活性污水的排放，随着城镇化建设的持续推进，人们大量使用并产生的富含有机物和大量病原微生物的生活性污水的不当排放也容易导致黄河水质发生污染。

2．中上游地区农业用水浪费现象严重

水资源浪费现象在黄河流域生态环境治理中是亟待解决的主要问题之一，尤其是中上游地区的农业灌溉用水的方式不够科学，引黄灌溉过程中造成了大量的水资源浪费。一是中上游的农业生产仍然停留在传统的思维观念和方式上，千百年来农民引黄灌溉已经成为一种固定模式，尤其是黄河径流两岸的农业用水不注意节约，大量的水资源被浪费，最终汇入黄河的水量不足，河道干涸、断流的现象时有发生。二是据统计黄河流域共有水浇地500万公顷，而当前的农业灌溉仍然采用的是大畦漫灌、串灌等原始的灌溉

方式，节约用水的意识在农民的思想中尚未形成，而这种原始的灌溉方式既大量消耗了水资源同时也存在水资源的有效利用率极其低下的问题，仅农业用水的浪费就令人触目惊心。

二、黄河流域生态环境治理的重要性

1. 在生态层面，具有确保生态安全的重要意义

生态环境治理成效直接关系到百姓的身体健康及其正常生活，对黄河流域的生态环境治理工作而言就是要通过持续的水土保持建设、水污染治理、大气环境治理等工作全面确保黄河流域的水土安全并持续优化空气质量，为农业增产、清洁用水、呼吸新鲜空提供保障。持续推进黄河流域生态环境治理，从源头上解决黄河流域的生态污染和破坏等问题，用科学的管理方法和手段来保护并修复生态环境，全面保障黄河流域乃至全国的生态安全。

2. 在经济层面，具有推进黄河流域高质量发展的重要作用

黄河流域的九个省份的自然、经济发展、科学技术等条件各不相同，在绿色、高质量发展的要求下开展的经济建设也不可能保持同一个模式，但生态优先的地位和要求是统一的，只有保证“绿水青山”的前提下实现经济发展的“金山银山”才是高质量发展。另外黄河流域各个地区的生态环境状况不尽相同，在治理要求、内容、技术等方面也存在着差别，中上游地区的工农业生产方式比较传统，生态环境治理难度大，下游经济转型发展逐步推进，生态环境治理正趋向科学化、现代化，要统一思想建立起共治共享的生态环境治理体制，全面推进黄河流域经济的高质量发展。

3. 在政治层面，是贯彻落实生态文明建设的必然要求

生态文明建设是我国五位一体的现代化建设的重要环节，是一项重要的政治任务，黄河流域的生态环境治理必然要与生态文明建设的伟大事业紧密联系起来。建国以来，党和政府将黄河治理和人民群众生存及发展的根本利益、切身利益、长远利益直接联系起来，始终如一地开展了黄河流域的生态环境治理的各项工作，尤其是十八大以来，党中央着眼于生态文明建设的全局战略规划，科学治理黄河流域的生态环境，黄河流域的社会经济发展和百姓生活发生了巨大变化：一是水土流失问题得到了一定遏制；二是土壤荒漠化趋势得到了缓解；三是生物多样性逐步恢复；四是水污染问题从根本上上得到治理。

4. 在文化层面，具有培根铸魂的现实意义

黄河是华夏文明的发源地，纵使千百年来，黄河流域的水患灾害不断，但其作为“百川之首”、“四渎之宗”的历史地位不容动摇，从黄河顺流而下的五千年文化历史滋养和

孕育着千千万万的中华儿女，开展黄河流域的生态环境治理，将母亲河治理改造的更加优美具有传承华夏文明、培根铸魂的重要历史和现实意义。长期以来，黄河流域一直都是我国的政治、经济、文化中心，黄河流域遍布着众多文化古都，三秦文化、中原文化、齐鲁文化等都由黄河发源并孕育，千百年来形成了自强不息、团结拼搏的民族品格和文化之魂，开展黄河流域生态环境治理有利于保护、弘扬和传承黄河文化，具有培根铸魂的作用，使之成为实现中华民族伟大复兴中国梦的不竭力量源泉。

三、加强黄河流域生态环境治理的途径

1. 完善法制体系，依法治理

首先，健全黄河立法。法律的普遍性、确定性和强制性特点决定了它们在具体社会生产生活中适用具有其他社会规范所不具备的作用，黄河流域的生态环境治理工作也必须紧紧依靠法律的强制作用来推进，因此，要结合社会经济发展与自然条件变化的实际状况，对当前涉及到黄河生态环境治理的相关法律进一步完善，对空白区域要尽快组织科学论证并出台相关法律法规或规章制度，构建起严密的法律体系为落实黄河流域生态环境治理提供法律保障。其次，严格落实执法。完备的法律能否切实达到预期效果必须依靠严格落实执法，对黄河流域生态环境治理工作而言，在法律作为规范制度保障的前提下必须要严格执法。一是对违反黄河流域生态环境保护、治理的行为、人或单位必须按照法律法规的规定进行处理；二是不断提升水政队伍的综合素质，全面、准确、严格地执行各项法律规定，为营造良好的黄河流域生态环境治理秩序打下坚实的基础。最后，加强法制监督。一是对与黄河流域生态环境治理相关法律法规及规章制度的制定活动进行监督，确保科学立法、民主立法。二是对执法活动进行监督，包括自我监督、上级监督与公众监督，确保事关黄河流域生态环境治理的执法活动得民心、顺民意。

2. 积极引入先进科学技术，科技治理

首先，全面提高自主科技研发能力。一是相关部门对涉及到黄河流域生态环境治理的科研活动的立项要根据相关制度进行严格审查，必要时可以组织专家学者、邀请社会公众参与审核。二是对科研资金、技术及基础设施的支持要充分保障，为科研工作者提供优越的条件来进行相关研究，不断提高黄河流域生态环境治理的科技含量与水平。其次，积极引进高新技术。一是要积极参考和借鉴国外先进的治理方法和技术，引进国外在河流治理中的水沙和环境信息采集技术和设备，水文信息监测、传输技术和设备，远程监控系统等，不断从软硬件技术和设施建设上提高黄河流域生态环境治理的科技水平。二是要加强国际交流，组织国内治黄领域的专家学者参加大型国际学术交流活动，在不涉及到专利纠纷的前提下努力学习他人的先进技术和经验，坚持高新技术的引入和自主

研发相结合。

3. 构建公众参与机制，共同努力

黄河流域的生态环境治理是公共事业管理的一部分，需要政府、企业、个人的共同参与。政府主导黄河流域生态环境治理能够全方位地兼顾到社会公众的需要，对不同区域的治理手段和投入力度能够做到有的放矢，但由于公共利益非常复杂，单纯地政府行为不能满足社会大众全部心理需求，因此必须要构建起政府主导公众参与的生态环境治理机制，通过政府、企业、个人的共同参与和努力来实现黄河流域生态环境治理的目的。首先，要积极采取宣传引导的手段来鼓励企业和个人关注到黄河流域的生态环境治理，不仅是政府应当承担的责任，同时也是全社会应该共同参与的一项伟大的事业，只有全员参与，在治理技术、理念以及污染防治和监督等方面才能切实达到预期效果。其次，政府要结合黄河流域生态环境治理的实际需求，对一些企业采取的奖励或处罚措施必须合理、得当，对个人要鼓励参与的生态环境保护和治理的监督当中，尤其是利用好自媒体时代发达的信息传输技术和平台，实现全社会参与监督，全力营造良好的黄河流域生态环境治理的大环境。

4. 政府投入力度加大，引入民间资本

黄河流域生态环境治理是公共事业的重要组成部分，而公共事业的发展离不开政府的投入，黄河流域的生态环境治理需要大量的资金和技术投入，而政府进行公共事业建设涉及到的内容较多，在黄河流域生态环境治理上，各地区存在着投入不均衡或投入不足的问题。因此，要在持续加大政府财政投入的前提下，通过科学合理论证来积极引入民间资本参与到黄河流域生态环境的治理工作中，允许部分企业在这项事业建设中通过市场行为来获取一定的经济利益。首先，国家要持续加大防洪工程设施建设的投入，通过加快建设标准化堤防来实现水土保持的效果；通过财政拨付专项的科研经费来支持相关单位进行科技创新，不断提升黄河流域生态环境治理的科学技术含量和水平；设置专项应急资金制度，通过统一管理调配来应对黄河流域不同地区突发应急状况的处理需要，确保黄河流域的生态安全。其次，要在用市场经济的思维方式来合理调度民间资本，使得黄河流域生态环境治理能够获得更多的资金支持，允许部分高新技术企业通过参与技术革新并加强合作来获得利益的同时帮助提升生态环境治理的效果。

5. 解放思想，创新管理

首先，必须要转变思想认识，加强人才资源开发。黄河流域生态环境的治理成效如何取决于实施治理的人才队伍的整体水平，要结合时代发展的趋势，对现代管理思想、理念和技术加强学习，转变传统的思维观念，不断加强人才资源开发以提高黄河流域生态环境治理的能力。其次，加强交流，积极学习借鉴国内外先进的河流生态环境治理经验。创新是确保黄河流域生态环境治理不断取得新成效的关键因素之一，必须要对传统管理理念、模式、方法等进行必要的创新以适应新形势下的需求。因此，必须要组织并加强交流，与同领域内的其他专家学者或领军人物进行沟通交流，学习他人先进的经验和技术，创新黄河流域生态环境治理的各项管理制度，全面提升黄河流域生态环境治理成效。

四、总结

黄河流域的生态环境治理事关千秋万代，必须要维护好黄河流域及沿黄广大地区的生态平衡，确保经济社会的可持续发展。充分认识到黄河流域生态环境治理的重要性，对其存在的水土流失、水旱灾害频发、水污染以及水资源浪费等问题深入分析查找原因，通过采取依法治理、科技治理、公众参与、加大投资以及创新管理等一系列手段来解决问题，在实现黄河流域生态环境保护、治理和修复的同时确保我国经济社会的持续、健康、稳定发展。

黄河流域生态治理措施分析

黄河流域是我国重要的生态屏障和经济核心地带，流域所涵大部分地区位于干旱半干旱区，以灌溉农业为主，流域内汾渭平原、河套灌区和下游引黄灌区是我国农产品主产区。同时，黄河流域煤炭、石油及天然气资源丰富，也是我国重要的能源、化工工业聚集区。截至2018年年底，流域内9省（自治区）总人口近4.2亿，地区生产总值约为23.9万亿元。长期以来，黄河流域水旱灾害频发，给沿岸人民群众生产生活带来了深重灾难。发展至今，流域生态环境脆弱、水质污染、土壤侵蚀、黄河决溢及改道、“地上悬河”安全威胁等问题尚未得到有效缓解。流域上中游青海、甘肃、宁夏等省（自治区）均属于我国欠发达地区，脱贫攻坚任务重、难度大，区域发展不协调问题突出。

保护黄河是事关中华民族伟大复兴的千秋大计，要共同抓好大保护、协同推进大治理，让黄河成为造福人民的幸福河。黄河流域生态保护和高质量发展上升为重大国家战略。

一、黄河流域生态保护和高质量发展面临的主要问题

1. 水资源供需矛盾和水环境风险突出

黄河水资源总量仅占全国2%，全域人均水资源量530m^3，远低于国际现行严重缺水标准（1000m^3/ 人），流域水资源开发利用率高达80%，已远超一般流域生态警戒线。部分地区仍存在水资源粗放利用现象，并进一步导致农业用水效率低，地下水超采严重。据不完全统计，截至2019年，黄河流域已形成6个浅层地下水降落漏斗、18个浅层地下水超采区。黄河涵盖我国一次性能源（煤炭、石油）主要生产与供给基地，煤化工项目耗水量极大。随着引黄灌溉面积不断扩大，经济社会用水保障困难将不断加剧，这将进一步降低流域内生态用水保障程度。在水环境方面，黄河流域内工业污废水排放和农业面源污染呈逐年增加态势，部分河段水污染情况极为突出。第二次全国污染源普查公报显示，黄河水系污染状况没有得到明显改善，优于Ⅲ类水质断面的比例基本不变。2. 流域生态环境脆弱黄河流域生态脆弱区分布面积广大，类型众多。中上游荒漠化、沙漠化土地集中分布，区域气候干旱异常，年降水量最低仅为200mm，植被稀疏，生态环境恶劣。当前，黄土高原地形破碎，土质疏松，仍有23万 km^{2}水土流失面积有待重点治理，水沙关系失调也造成了黄河下游河道淤积，悬河问题持续发酵，严重威胁沿河人民群众的生命及财产安全。3. 洪水灾害依然是最大威胁历史上，黄河洪水给沿黄两岸人民群众带来深重灾难。当前，“地上悬河”形势严峻，上游宁蒙河段淤积形成新悬河，下游地上悬河长近800km，局部河段发育出“二级悬河”，近300km 游荡型河段风险突出，危及防洪大堤安全。下游滩区防洪工程与经济发展冲突明显，“人水争地”现象普遍，河道行洪受影响严重，仍有近百万人生活在洪水威胁中。现有水沙调控体系尚未发挥出整体合力，下游防洪工程建设短板明显，小浪底—花园口区间尚存1.8万 km^{2}无工程控制区，洪水预见期短，对沿河人民群众生产生活安全仍构成较大威胁。4. 流域发展不平衡不充分问题突出

黄河流域经济社会发展相对滞后且发展水平不均，贫困人口主要集中于上中游地区和下游滩区，尤其是甘肃、宁夏、青海等省（自治区），与其他省份相比经济差距较为明显。从全国经济地位来看，黄河流域整体发展水平较为落后，外部差距明显，近十年来黄河流域9省（自治区）生产总值占全国比重呈下降趋势，平均常住人口城镇化率也低于全国总体水平。由于流域内多数省份仍处于工业化中期阶段，石油、煤炭及天然气开采业等资源能源产业和重化工业比重偏高，工业企业绿色化水平偏低，生态园区、特色农业等绿色产业发展缓慢，产业转型升级内生动力不足。

二、黄河流域生态保护和高质量发展战略方向及举措

1. 强化水资源节约

集约利用与生态修复治理坚持生态优先、绿色发展的战略定位，系统综合考虑黄河流域生态环境建设和保护问题，充分认识区域差异性，分类施策，达到保护水资源、治理水环境、修复水生态的整体目标。流域层面应重点关注水资源利用、配置和保护问题。开展黄河流域水资源开发利用底线研究，将水资源作为最大的刚性约束，科学设计流域水资源配置方案，优化水资源配置格局。推进水资源节约集约利用，大力发展节水产业和技术，将农业节水作为主要方向，建设节水生态型灌区，打造国家高效节水示范区。建立水环境承载力预警机制，对入河污染物实行严格的总量控制，高标准建设污水处理设施及中水回用设施，创新污水处理与资源化利用技术，对部分严重污染支流开展专项治理，改善水环境。区域层面应重点提升河源区水源涵养能力、黄土高原水土保持能力和河口湿地生态功能。保护黄河河源区生态环境，强化退牧还草、湿地保护等综合性治理措施，扩展河源区生态空间，提高水源涵养能力。加强上中游荒漠化和沙化土地治理，持续推进防风固沙、生态治理修复等工程建设，促进荒漠植被修复，建立沙漠防护林体系。强化中游水土保持，优化黄土高原退耕还林还草工程结构，创新水土流失严重区产沙与控制技术。同时，需持续关注泥沙变化对黄河三角洲海岸带生态安全的影响。推动河口区湿地生态保护，以自然恢复为主，适度结合人工修复，持续实施湿地生态补水、生态保护、生态修复等工程，保护提升河口生态功能。

2. 推动完善水沙调控体系与防洪减灾体系

“水沙关系不协调”是黄河流域治理难的根源所在，治理黄河，要牢牢抓住水沙关系调节这个“牛鼻子”，建立健全水沙调控体系与防洪减灾体系建设，构建上下游联动、左右岸一体、干支流统筹的治理格局，构筑沿黄人民生命财产安全的稳固防线。建立健全水沙调控体系，优化现有工程运用方式，加快工程体系建设，提高水沙调节能力，协调水沙关系。加强梯级水库群联合调度，构建联合智慧调度方案，调控中游水沙，增强小浪底水库调水调沙后劲，减轻下游防洪压力。联合上游主要控制性水库群协调水沙关系，遏制宁蒙河段新悬河持续发育，减轻防洪防凌压力。凝聚水沙调控体系合力，科学管理与调度黄河径流、洪水、泥沙过程，营造良好的水沙环境，减轻河道淤积，夯实黄河长久安澜工程基础。补齐上中游防洪工程短板，实施下游河道及滩区综合提升治理。提高黄河洪水监测预报预警和科学调度水平，提升防汛应急保障能力。完善黄河上游省（自治区）堤防、护岸等防洪工程达标建设，加强黄河中游河段治理，减少塌滩、塌岸损失。优化黄河流域防汛减灾联合调度平台，构建流域非工程措施（水雨情实时滚动预报预警、

水库群联合智慧调度系统）与工程措施（重要控制性水库群）防洪统一调度体系，提升洪水灾害管控能力。

3. 建立流域协同管理体制机制

创新流域内外利益协同、补偿和共享机制面对黄河流域发展困局，要加快推动流域发展总体规划和各类专项规划编制，探索具有地域特色、因地制宜的生态保护和高质量发展路径。通过完善黄河治理法律体系，落实黄河流域主体功能区规划，划定流域生产、生活、生态空间开发管制界线，清晰管制指标，加强跨省（自治区）监管体系机制建设，并结合不同地区发展差异性，预留必要的生态资源开发利用空间，分区分类管控。建立黄河流域跨区域、多部门协同管理机制和各省（自治区）共同协商机制，明确中央政府与地方政府之间，各级地方政府之间权责义务，创新区域间生态、经济优化利益分配和补偿机制。

加强区域间经济互动和生态管控合作，协调各省（自治区）发展定位，加快流域内交通基础设施建设与互通，鼓励较发达省份对欠发达省份进行对口支援，鼓励人才、技术等要素在各省（自治区）内充分流动。加强对外部区域的联系与协同发展，充分发挥黄河流域区位优势与产业优势，紧紧抓住“一带一路”建设历史发展机遇，形成高层次对外开放格局，以开放促改革、促发展。

优化产业布局，推动产业转型，加强黄河文化传承、保护和弘扬黄河流域各区域优势资源与支柱产业具有较大差异，应严格遵循主体功能区差异性发展思路，从地区实际出发，从传统产业转型升级和新兴支柱产业培育壮大两方面着手，探索具有区域特色的高质量发展路径，降低产业同质化倾向，促进合理产业布局及分工体系形成。

黄河上游地区利用特色园区平台打造绿色循环产业体系，推进农牧业绿色发展，积极发展新材料、新能源等新兴产业；中游地区以能源化工基地为依托，促进传统优势产业互动发展，提高传统能源产品综合利用率，推进产业技术向清洁化、低碳化发展；下游地区持续推进现代化农业和节水农业发展，提高农业综合生产能力、风险应对能力，保障国家粮食安全。将黄河文化的传承和保护充分融入到区域发展和产业发展中。

黄河文化是中华文明的文脉，文化根基深厚，保留有大量历史文化遗产和红色文化遗存。传承黄河文化，讲好黄河故事，是黄河高质量发展的重要内容，也是坚定文化自信，实现中华民族伟大复兴中国梦的强大精神力量。要加快推进黄河文化资源调查认定，黄河文化遗产廊道建设，发展黄河文化旅游业，以文化产品带动新兴产业发展，传承、保护和弘扬优秀的中华传统文化，形成具有丰富精神内涵的区域发展模式。

基于高新技术的黄河综合治理

黄河综合治理需要先进的科学技术作为技术保障，以科学技术理论作为指导，实现高新技术对黄河综合治理的长久发展。

一、黄河综合治理技术的发展分析

在黄河综合治理的历史上，每三年黄河就会决口1～2两次，每一百年黄河就会改道1次，由于科学技术的有限，人们对黄河的治理主要是防洪。近年来，由于国外和国内科学技术创新和应用，在黄河的治理以及黄河水资源的开发和利用方面都取得了巨大的成效，使得黄河的治理技术得到了快速的飞跃。

黄河水文测报技术的发展，3S遥感技术和GIS地理信息系统技术在黄河治理中的应用，都为黄河综合治理提供了重要的技术支持，促进了治黄科技的发展。另外，泥沙拦截技术和减淤技术可以减少黄河流域中挟带的泥沙，这样就降低了黄河洪水危害的发生。黄河流域的洪水具有挟带泥沙的特点，降低黄河下游河道泥沙和淤泥的堆积是非常必要的，因此在黄河上游和中游修建水库，并构建水土生态环境，通过水库来对水和沙的比例进行分配，减少黄河下游泥沙的淤积，这种方法在黄河治理中取得了历史性的成效[2-3]。

在黄河治理工作中，对黄河下游的堤坝进行监测和加固，以及黄河河道的治理都是主要的任务。新时代科学技术的快速发展和应用，构建了全新的黄河堤坝和河道的综合治理体系。新的堤坝结构及筑坝技术的引用，改变了传统的黄河堤坝筑坝结构，并提升了黄河堤坝的筑坝技术，完善了黄河综合治理的发展。

二、基于高新技术的黄河综合治理与可持续发展研究

1. 黄河水文泥沙测试技术

水文泥沙测绘主要是对泥沙颗粒度进行分析并测定含沙量，水文泥沙测试不仅是水利工程设计和管理的重要数据依据，也是黄河治理过程中报讯和抢险的重要依据。

（1）激光颗粒分析仪

激光颗粒分析仪实现了对黄河流域中的泥沙颗粒进行快速测量，解决了现有黄河泥

沙颗粒的分析时间较长以及对颗粒直径测定范围比较窄的问题，提高了泥沙颗粒精度测量的准确性，是水利行业中对黄河泥沙颗粒进行分析的技术创新应用。该方法结合智能化分析、大数据处理等技术，应用信息化技术，有效地对采样的泥沙颗粒成分进行计算，并得出精确的结果。该方法可以准确及时地对黄河泥沙颗粒数据资料进行获取，现在已经应用于黄河小浪底水库淤泥量测量工作，以及黄河调水和调沙等调度工作中，在黄河流域综合治理中发挥不可替代的作用。

（2）在线湿法颗粒分析系统

在线湿法颗粒分析系统可以在线并动态对黄河泥沙颗粒浓度进行测试，该系统是在“948”计划下从德国引进的新技术，结合黄河泥沙测试的实际情况，针对黄河河道的宽窄等实际需要，对分析仪器结构和水压等进行改造和重新设计，把引进技术和自主技术进行有效的融合和创新，并对分析仪器功能进行改进与完善，经过改造后可以在野外和实验室都可以进行测量。该系统以互联网技术为载体，采用智能化技术，线上对采样进行对比、分析、计算，实现了对黄河泥沙颗粒的实时监测，是泥沙颗粒分析技术的一次创新应用。

2. 黄河水质监测自动化技术

黄河流域水资源污染，生态环境破坏严重，不仅影响人类生存，而且对河流的生态系统也构成了严重的危害。水质监测是黄河流域水资源保护和管理的重要技术，是对黄河水质进行监测的重要工具。

（1）泥沙河水质自动化监测技术

主要是针对黄河泥沙多的特点，结合黄河治理的实际需要，研发的智能化自动化控制系统。该系统中设计了箱式和船浮台采样装置，以及故障报警和自动处理装置。该方法采用自动化技术，实时对黄河流域的泥沙水质成分进行监测，对黄河流域水质变化进行数据采样，发现问题及时处理。

该系统的自动化监测技术提高了检验和监测的可靠性，解决了黄河泥沙段流域的水质不稳定而造成监测和检验难的技术问题，解决了在泥沙复杂条件下，黄河水质自动监测以及实验室水质采样的技术问题。该技术可以实现定点监测和实时监测相结合，为黄河水资源保护管理以及水资源调配提供重要的决策依据，是黄河水质检验的现代化监测新模式

（2）水质检验实验室自动化技术

黄河水质检验实验室自动化技术是黄河水资源保护的重要手段，检验数据的准确性是黄河水质保护的重要基础，黄河水质检验实验室是黄河水质信息采集的重要部分，实

验室检验技术和条件水平，直接影响黄河水质信息采集的效果。该方法可以准确地对黄河水质进行分析、计算，并为黄河水质治理提供重要的数据依据。黄河水质实验室技术和管理是黄河水资源保护管理的重要技术支持，保证黄河水质检验数据的准确性。

引进国外先进的检验和信息管理软件和系统，以及检验技术和仪器流动分析仪，结合黄河水质检验管理的实际情况，自主研发了基于网络平台的实验室模式，解决了黄河泥沙颗粒的处理方面存在的问题。目前，改造多个水质监测实验室，提高了水质检验的准确性和实时性，实现了黄河水质检验系统的优化更新。

3. 水土流失监测和治理技术

黄河综合治理在水土保持方面引进了水土流失生态农业动态监测技术，以及土壤侵蚀预报地理信息系统等。

（1）水土流失生态农业动态监测技术

针对黄土高原水土流失情况，采用 RS 遥感技术和 GIS 地理信息系统技术，并综合 3S 和地面监测等技术，构建水土流失生态农业动态监测系统，实现对黄土高原水土流失的监测和检验。该系统的动态监测技术采用卫星遥感和 GPS 技术，对黄土高原水土保持农业生态进行动态监测，构建水土保持动态监测 GPS 控制网等“数字黄河”工程项目。

有效地保护黄河流域的水土平衡，对农业生产进行监测，在农业生产稳定进行的同事，保护黄河流域水土平衡，提高了黄河流域生态平衡保护的效能。该系统采用高科技准确并实时地反映黄河流域水土流失生态环境的状态，为黄河流域水土流失生态环境的动态监测和管理提供了重要的技术支持，为黄河流域生态环境的可持续发展提供了重要保障。

（2）基于土壤侵蚀预测技术的 GIS 系统

该系统可以对黄河流域的土壤侵蚀情况进行科学预测，并为黄河下游淤泥整治以及黄河干流的水利工程规划和建设，提供重要的数据依据和科学技术支持。该系统可以对黄土高原土壤侵蚀原因以及因素进行动态实时分析，在 GIS 地理信息系统的支持下，可以对黄河下垫面空间的土壤侵蚀情况进行准确的反映。

采用 GIS 地理信息系统，对黄河流域水土进行监测，并结合大数据技术，对土壤侵蚀情况进行预判、分析，有效防止黄河流域土壤侵蚀的发生，保护了黄河流域土壤生态平衡。通过该系统对黄河流域的水沙移动和输送的过程构建模拟模型，通过模型对黄河流域土壤侵蚀的发生和发展规律进行预测和计算，更好地做好黄河流域水土保持管理工作。

4. 防洪减灾技术

(1)堤坝水下根石探测技术

采用浅地层剖面仪对黄河水下根石进行探测，并综合 GPS 定位和浅地层剖面仪等技术相结合的方式，实现对黄河堤坝根石的坡度以及分布情况进行准确的探测。并通过移动信息采集和传输系统把探测的数据实时地传输到处理中心，在处理中心对采集的数据进行分析和处理，为黄河堤坝治理提供可靠的保障。

與传统人工探测技术相比，根石探测技术在速度上更快，而且在数据的准确性上要更高。该技术获取的探测数据具有准确性和实时性的特点，应用在黄河河道整治项目中可以满足对根石探测的基本需要。

(2)堤坝加固技术

堤坝加固技术经过黄河防务局针对黄河抢险加固的实际情况，多次进行现场试验并不断改进和完善而采用的技术。该技术是在满足黄河堤防加固抢险的实际需要前提下，对原有的堤坝固定夹具在技术方面进行再次改造，符合黄河综合治理的基本要求。

经过堤坝加固的河段，在防洪抗灾方面具有良好的效果，可以起到防洪抗灾的基本作用，通过先进的加固技术和精密设备进行堤坝加固工程，并采用高新技术材料，提高堤坝的质量，这样可以有效地保护黄河流域堤坝的安全，减少了洪灾溃堤的发生，并提高黄河流域堤坝的防洪抗灾能力。

三、总结

高新技术在黄河流域综合治理的应用，不仅要引进国外先进技术，而且要自主研发技术，并对应用技术不断地创新，提高自主创新和应用能力。在黄河流域综合治理工作中，要统筹兼顾从全局出发，通过科学技术对黄河进行综合治理，更加完善了黄河治理的措施，有效地推动了黄河水资源的可持续发展。

水环境污染物总量控制下的环境经济对策

一、水环境污染物总量控制

水环境污染物总量控制是指在一定区域内，根据水环境容量，对各类污染源的排放总量进行控制，以保证区域水质符合规定要求。总量控制的核心是确定区域内的污染源排放总量，并据此制定控制方案，采取相应的措施，达到既控制污染，又提高经济效益的目的。

二、环境经济对策

1. 税收政策

税收政策是政府调节经济的重要手段，通过税收政策可以有效引导企业和个人行为，达到优化资源配置、改善环境质量的目的。具体措施包括：

（1）征收水污染税：对排放污水的企业和个人征收税费，根据污水排放量和污染物浓度等指标确定税费标准，税率可采取差别税率，污染浓度高的税率也高，以鼓励企业和个人采取清洁生产方式，减少排放量。

（2）征收资源税：对水资源、煤炭等资源进行征税，以促进资源节约和环境保护。

（3）减免税收：对环保型企业减免税收，如绿色能源企业、污水处理企业等。

2. 排污收费制度

排污收费制度是指政府对排污者收取一定费用，以增加其排污成本，从而引导企业和个人采取环保措施，减少污染物排放。具体措施包括：

（1）对排放污染物的企业和个人收取排污费，根据污染物种类和排放量确定费用标准。

（2）对超过排放标准的企业和个人收取罚款，以惩罚其违法行为。

3. 绿色金融政策

绿色金融政策是指政府引导金融机构采取环保措施，为环保项目提供融资支持，通过金融手段促进环境保护和经济发展。具体措施包括：

（1）设立环保基金，吸引社会资本投入环保项目。

（2）为环保型企业提供贷款支持，降低融资成本。

（3）鼓励保险公司推出环保型保险产品，为环保产业提供风险保障。

4. 政府采购政策

政府采购政策是指政府通过采购环保产品和服务，鼓励环保产业的发展，同时引导企业和个人采取环保措施。具体措施包括：

（1）政府优先采购环保产品和服务，如绿色能源、污水处理等。

（2）政府对采购的环保产品和服务给予一定补贴，降低其成本。

5. 宣传教育政策

宣传教育政策是指政府通过宣传教育，提高公众环保意识，引导公众采取环保行动，共同保护环境。具体措施包括：

（1）通过媒体宣传环保知识，提高公众环保意识。

（2）开展环保志愿服务活动，引导公众参与环保行动。

（3）鼓励企业开展环保教育和培训，提高员工环保意识和技能。

三、总结

水环境污染物总量控制是保护水资源、改善水环境的重要措施，同时也要采取相应的环境经济对策，通过税收政策、排污收费制度、绿色金融政策、政府采购政策和宣传教育政策等手段，引导企业和个人采取环保措施，共同保护环境。只有通过综合措施，才能实现经济发展和环境保护的良性循环。

第七章　水环境监测技术

黄河水环境检测概述

黄河水环境监测技术是保障黄河防洪安全和水资源利用的重要手段。本节将介绍黄河水环境监测的基本概念、技术方法和现状，以及未来发展趋势和展望。

一、黄河水环境监测的基本概念

河水环境监测是指对黄河水质、水量、水流等方面的数据进行采集、处理和分析，以提供科学依据和决策支持。黄河水环境监测的目的是为了掌握黄河水资源的现状和变化趋势，为防洪和水资源利用提供科学依据。

通过黄河水环境监测的基本概念，可以全面了解黄河水环境的现状和变化趋势，为防洪和水资源利用提供科学依据。同时，黄河水环境监测也可以促进水资源保护和管理，推动黄河水资源的可持续发展。

二、黄河水环境监测的技术方法

黄河水环境监测的技术方法主要包括以下几种：

水质监测：对黄河水质进行监测，包括水温、溶解氧、氨氮、磷酸盐等指标，以评估水质状况和水环境质量。

水量监测：对黄河水量进行监测，包括流量、水位、水深等指标，以评估水资源量和和水环境容量。

水流监测：对黄河水流进行监测，包括流速、流向等指标，以评估水流水力和和水环境变化。

气象监测：对黄河气象进行监测，包括气温、风力、湿度等指标，以评估气候变化对水环境的影响。

模型模拟：利用数学模型和计算机模拟技术进行模拟，如水文模型、河流动力学模型等，以评估水环境变化的趋势和影响。

三、黄河水环境监测的现状

目前，黄河水环境监测已经建立了一套比较完善的技术方法和监测网络，主要包括以下方面：

水质监测：在黄河流域内设立了多个水质监测站点，对水质指标进行定期监测和数据采集。

水量监测：在黄河流域内设立了多个水量监测站点，对水量指标进行定期监测和数据采集。

水流监测：在黄河流域内设立了多个水流监测站点，对水流指标进行定期监测和数据采集。

气象监测：在黄河流域内设立了多个气象监测站点，对气象指标进行监测和数据采集。

模型模拟：利用数学模型和计算机模拟技术进行模拟，如水文模型、河流动力学模型等，以评估水环境变化的趋势和影响。

四、黄河水环境监测中存在的问题及其原因

目前，黄河水环境监测中存在以下几个方面的问题：

监测设施不足：由于资金和技术等方面的限制，黄河水环境监测设施不足，导致一些监测项目无法开展。

监测数据误差大：由于观测环境和人为因素等的影响，监测数据存在一定的误差，影响了数据的准确性和可靠性。

监测数据利用效率低：由于数据处理和分析技术的限制，监测数据的利用效率较低，无法充分发挥数据的作用。

监测数据共享不足：由于管理和政策等方面的原因，监测数据共享不足，导致数据无法充分利用和共享。

以上问题的原因主要包括以下几个方面：

资金和技术限制：由于政府资金投入不足和技术水平有限，导致监测设施建设和维护存在困难。

环境和人为因素影响：由于观测环境和人为因素等的影响，导致观测数据存在误差

和不确定性。

数据处理和分析技术不足：由于数据处理和分析技术不足，导致观测数据的利用效率较低。

管理和政策因素影响：由于管理和政策等因素的影响，导致观测数据共享不足。

五、未来黄河水环境监测的发展趋势和展望

未来黄河水环境监测将朝着以下几个方向发展：

监测技术现代化：随着科技的不断进步，黄河水环境监测将越来越多地采用现代化技术，如遥感技术、自动化技术等，提高观测效率和精度。

监测设施建设普及化：政府将加大投入，加强监测设施建设，提高观测数据的覆盖率和准确性。

数据处理和分析智能化：通过引入人工智能和大数据等技术，实现观测数据的智能化处理和分析，提高数据利用效率。

观测数据共享开放化：政府将加强管理和政策支持，实现观测数据的共享和开放，促进数据的有效利用和社会化服务。

总之，未来黄河水环境监测将迎来更加广阔的发展空间，为防洪和水资源利用提供更加精准、高效、智能的数据支持和服务。

黄河水质检测技术的现状和发展

黄河水质监测技术是保障黄河防洪安全和水资源利用的重要手段。本文将介绍黄河水质监测的基本概念、技术方法和现状，以及未来发展趋势和展望。

一、黄河水质监测的基本概念

黄河水质监测是指对黄河水质、水量、水流等方面的数据进行采集、处理和分析，以提供科学依据和决策支持。黄河水质监测的目的是为了掌握黄河水资源的现状和变化趋势，为防洪和水资源利用提供科学依据。

二、黄河水质监测的技术方法

黄河水质监测的技术方法主要包括以下几种：

物理监测：对黄河水体的颜色、嗅味、透明度、水温、溶解氧等物理指标进行监测。

化学监测：对黄河水体中的各种化学物质进行监测，如重金属、有机物、氨氮、磷酸盐等。

生化监测：对黄河水体中的微生物、藻类等生物指标进行监测，以评估水体的生物活性。

遥感监测：利用遥感技术对黄河水体进行监测，如水色、水温、流速等。

三、黄河水质监测的现状

目前，黄河水质监测已经建立了一套比较完善的技术方法和监测网络，主要包括以下方面：

监测站点：在黄河流域内设立了多个水质监测站点，对水质指标进行定期监测和数据采集。

数据分析：对监测数据进行分析和处理，提供科学依据和决策支持。

信息系统：建立了黄河水质监测信息系统，实现数据的实时监测和共享。

四、黄河水质监测中存在的问题及其原因

目前，黄河水质监测中存在以下几个方面的问题：

监测设施不足：由于资金和技术等方面的限制，黄河水质监测设施不足，导致一些监测项目无法开展。

监测数据误差大：由于观测环境和人为因素等的影响，监测数据存在一定的误差，影响了数据的准确性和可靠性。

监测数据利用效率低：由于数据处理和分析技术的限制，监测数据的利用效率较低，无法充分发挥数据的作用。

监测数据共享不足：由于管理和政策等方面的原因，监测数据共享不足，导致数据无法充分利用和共享。

以上问题的原因主要包括以下几个方面：

资金和技术限制：由于政府资金投入不足和技术水平有限，导致监测设施建设和维护存在困难。

环境和人为因素影响：由于观测环境和人为因素等的影响，导致观测数据存在误差和不确定性。

数据处理和分析技术不足：由于数据处理和分析技术不足，导致观测数据的利用效率较低。

管理和政策因素影响：由于管理和政策等因素的影响，导致观测数据共享不足。

五、未来黄河水质监测的发展趋势和展望

未来黄河水质监测将朝着以下几个方向发展：

监测技术现代化：随着科技的不断进步，黄河水质监测将越来越多地采用现代化技术，如遥感技术、自动化技术等，提高观测效率和精度。

监测设施建设普及化：政府将加大投入，加强监测设施建设，提高观测数据的覆盖率和准确性。

数据处理和分析智能化：通过引入人工智能和大数据等技术，实现观测数据的智能化处理和分析，提高数据利用效率。

观测数据共享开放化：政府将加强管理和政策支持，实现观测数据的共享和开放，促进数据的有效利用和社会化服务。

总之，未来黄河水质监测将迎来更加广阔的发展空间，为防洪和水资源利用提供更加精准、高效、智能的数据支持和服务。

水环境监测现状及存在的问题

我国社会经济发展迅速，水资源产生的污染逐渐地增加，对环境的可持续发展造成了一定的影响。国家相关管理部门要做好水环境检测，不断的完善检测网络，促进检测的科学有效性，增强对水资源的管理，对环境进行有效地保护。但是，目前我国水环境监测过程中存在一些问题和缺陷，需要人们不断加强水环境监测工作力度，采用针对性的有效策略，解决相关问题，不断完善监测指标、注重检测实践，研发先进的检测技术，提升水环境检测工作开展的实际质量和效率。

一、水环境检测的发展

我国社会经济在不断地发展，带动各行各业在不同领域的进步和发展，产生了一定的水资源浪费和污染。我国水环境检测工作起步相对比较晚，目前，人们的生活水平提升，逐渐增强了对环境保护的思想意识，促进人和自然和谐相处，水环境保护检测在人们共同的努力在较短的时间内取得了显著的成就。我国对水资源的实际需求日益增加，生产的过程中产生大量的水污染，造成水资源的浪费和环境的污染。我国南北方经济发

展水平存在一定的差异，存在较强的地域性，我国根据南北方发展的实际情况开展了南水北调工程，在工程建设的过程中初步形成了水源区域的检测网，随着科学技术的发展对水环境检测的相关技术的科学性和规范性进行逐步的完善。我国目前部分水域建设和使用了自动化水环境检测系统，我国内部已经超过三百所水环境检测中心，三千多个检测站，对重点水域环境进行自动监测。我国信息技术发展迅速，逐渐对水环境监测断面进行不断的优化和完善，建设更先进、高效的自动监测技术，主要采用人工抽样和探析的方式，成立应急监测和常规监测等不同等级的监测体系，提高实际工作开展的质量和效率。

二、水环境监测工作中存在的问题

1. 缺乏完善的监测指标

水资源监测的指标对监测的实际结果有决定性的作用，相关监测部门对水环境开展监测工作时要根据监测的指标进行判定。我国对水环境质量监测的管理部门比较复杂，存在不同的几个部门对一个水环境进行管理，一个相关管理部门同时对多个水环境进行管理的现象，造成实际监测过程中缺乏准确的监测指标，无法对实际的环境情况进行全面的掌控，在一定程度上影响了监测的结果。比如，我国水利和环保部门同时对地表水进行监测管理，水利部门不仅负责地表水的监测，还会负责地下水和供水系统的全面监测。我国国土资源、水利部门和环保部门都会一定程度的介入地下水质的监测管理，造成相关的权利没有进行明确，工作职责不清晰，无法制定统一、准确的监测指标和检测方案，解决实际工作中存在的相关问题。目前，我国主要存在综合指标和重金属两项重要的问题，相关的企业在监测水环境工作中对有机物的监测存在一定的问题，对工作的开展造成了很大的影响。

2. 监测力度不足、缺乏科学指导

一方面，我国水资源环境主要是有机污染物，同时对有机物污染监测工作开展的过程中，对控制指标没有进行明确的规定，造成人们对污染的主要原因无法进行全面地了解和分析。我国国民经济发展迅速，人们在的日常的生产和生活中对水资源的需求越来越高，造成水资源严重的短缺，在实际生产中加重了对环境的污梁，影响了监测工作顺利有效地开展。因此，我国相关工作人员要加强监测力度，根据现场的实际情况进行全面的调查分析，将相关的数据信息作为参考标准，对有机物监测进行高度重视，采用合理的防治措施，做好水资源污染的防治，更好的保护环境。

另一方面，我国水环境检测的开展相比较于发达国家比较晚，在实际工作开展的过程中缺乏科学的实践经验指导，造成水环境监测中存在许多不科学合理的情况，比如我国面对流动性的样品，怎样进行科学的取样反映了我国监测工作进行的不到位。因此，我们要对水环境监测技术操作进行规范分析，提高监测分析结果的科学准确性，否则由于人工不规范的操作就会造成分析结果和实际的水环境产生较大的差异。

3. 缺乏完善的监测方法

现阶段，我国构建了水质量监测系统，但是在实际工作中缺乏有效的监测方法。监测方法在执行的过程中过于简单或者复杂繁琐，造成监测速度较慢，同时缺乏高质量的监测设备满足水质量监测手段执行的实际需求，降低了水环境检测的实际效益。我国水环境质量标准数量主要控制在98项污染物上，同时也是污水排放的标准数量，比如有机质、重金属、微生物等相关污染物。现在的水环境监测技术对于我国重点控制的八项污染物，不能快速有效、简单地进行监测。

我国对具体的污染物有详细地记录，比如我国地表水的环境质量标准中具有109项污染物监测，根据实际的调查表明其中大约有68项是有机指标，能够通过一种监测方法对相关的有机指标进行全面的监测，但是在标准中仍然规定需要多种不同的监测方法进行监测，在实际操作中的相关步骤比较复杂繁琐，没有充分发挥自动化技术对相关的有机指标进行监测，对于相关标准罗列的一些项目在实际执行中存在较大的难度。因此，我们需要对水环境的监测方法根据新时代信息技术发展和水环境监测发展的实际情况进行不断地改进和优化，提高监测工作的质量和效率，保证监测分析结果的科学性和准确性。

三、水环境监测存在问题的策略

1. 完善水质监测指标

首先，水环境监测过程中，相关企业要对监测水环境的指标进行明确，有效地对潜在污染问题进行消除，同时加强对监测人员的管理，对他们工作中的行为进行一定的约束，保证监测人员工作行为的规范性，有助于对企业制定的相关决策进行一定的保障。

其次，国家环保单位要对以往工作中存在的一些实际问题进行全面地总结分析，制定针对性的措施解决相关的问题。另外环保单位要对部分水质进行抽样，了解部分监测的标准和规范。环保单位对水抽样之前，要充分结合监测的项目和要求，选择合适的采样设备，保证设备具有稳定的化学性质，在密封环节能够简单的操作，同时比较容易清洗，对采样的总量进行明确。

最后，企业相关的不同部门在实际的管理中需要进行不断的交流沟通，要产生的相关的污染物进行及时的处理，能够有效地将相关政策落实到水环境污染治理中。检测人员在实际工作开展的过程中需要根据水资源环境的实际情况进行全面的分析和总结，加强管理的力度，对监测指标进行明确，根据监测的相关标准，对水资源的治理的监管规范和体系进行不断地改进和完善。

2. 加强监测力度、提高监测实践

企业要加强对监测人员整体的综合素养和综合能力进行不断地提升，对实际水质监测工作中存在的相关问题进行有效地解决，制定相对应的措施，加强管理，保证监测工作开展的全面性。我国水污染比较严重，要加强对环境的保护，就需要企业在实际工作中对新型的水环境检测设备进行不断的研发，对水污染的实际情况作为主要的依据，不断地进行创新和改革。企业对监测人员进行专业的教育培训，提高他们自身专业技能，保证工作行为的规范，满足现代化环境发展的实际需求，为监测结果分析的全面性和准确性提供基础的保障。另外，水样在实际保存的时间受到多种因素的影响，要对相关分析指标、水样容器、性质和保存的温度等进行一定的控制，比如清洁的水样能够储存3天，轻污染的水样储存3天、重污染的水样储存半天。

我们在实际的工作中需要对水质技术方案进行不断的创新，提高检测实践。我们对技术方案的创新需要通过大量的试验，消耗一定的财力和人力，但是能够为水质监测人员提供有效的经验，防止出现基本问题的错误，为技术方案的创新提供新的目标。

3. 优化监测方法

我国信息技术发展迅速，我们可以通过互联网等新型的资源，对相关领域信息开创信息一体化，对部分人为和自然因素出现的情况在短时间之内进行整合，研发出有效的方案。通过软硬件合作，实行多种信息的一体化以避免信息的重复查询，大大节省了人力资源，节约检测的消耗的时间，保证信息的准确性和安全性。

我国社会不断发展过程中，人们对水环境和资源的保护管理工作质量进行高度重视，进而不断加大对水环境监测方法的研究和创新。现阶段，我国出现研究了光谱、色谱、质谱、生物监测技术，同时结合自动和连续监测技术的应用，提升水环境监测的实际效果。水生生物的监测在整个水环境监测工作中占据重要地位，在化学物质中，水生生物发生相应的反应，能够通过相关反应特性了解化学物质和水生生物的关系。

相关水环境监测机构和负责部分在现实工作开展过程中，需要不断优化和完善生物监测系统，充分发挥该系统的重要优势和作用，对污染物的类型和污染程度进行全面有效的实时监测：但是，目前检测技术发展水平需要进一步提升，部分水域不能充分应用水质自动监测站有效完成全方位、动态化的监测。水生生物监测需要相关研究人员不断加强技术研究和创新力度，全面提升水生生物监测整体水平。现阶段，我国水生生物监测下，主要采用两种细菌指标的监测，缺乏丰富的监测技术和方法，同时没有形成统一合理的监测标准，需要相关工作人员在未来水生生物监测方面提供更多的关注和重视。

我国水资源日益短缺，如果发生枯竭的问题，对人们的正常的生产生活以及我国社会经济发展带来一定的损害。因此，我们需要对水环境保护和监测加强管理。本节主要阐述了水环境监测的发展，对水环境监测中存在的相关问题进行分析，通过完善水质监测指标、加强监测力度、提高监测实践、优化监测方法的几个对策，提升水环境监测的质量和效率。

水环境监测技术的分析和应用

近年来，随着水环境监测技术的快速发展，快速溶剂萃取等新型监测技术投入到水环境治理中，极大地提升了水环境监测的质量和效率。通过水环境监测质效的提升，为生态环境保护提供重要数据信息参考，为生态环境部门制定水环境保护规划、方案等提供有力支撑。

一、水环境监测技术分析

我国水环境监测工作起步最早可以追溯至20世纪70年代初，历经40余年的发展，监测技术取得了长足进步。但传统监测技术主要依赖于手工监测方式为主。与传统监测技术相比，近年来，快速溶剂萃取监测技术、气相色谱监测技术，以及遥感监测技术和生物监测技术等等，因其具有监测方式简便、监测指标齐全、监测数据准确和监测适用范围广泛等特点。

1. 快速溶剂萃取监测技术

(1)技术原理

快速溶剂萃取技术(AcceleratedSol-ventExtraction，ASE.)，利用不同溶质在不同溶剂中不同溶解度来快速监测、萃取水中污染物。具体来说，就是先要升高监测水样温度，提升水体解析动力，降低溶剂在水中溶解度：然后增加水体压力：再进行2-3个循环的萃取，提高萃取效率。其监测工艺流程主要为：向萃取池注入溶剂0.5-1min，将萃取池加热并加压5min，保持样品在设定压力和温度下静态萃取5分钟，新溶剂冲洗0.5分钟，用氮气吹扫样品以获得全部萃取0.5-1min。

(2)技术要点

ASE 萃取溶剂量使用少；萃取效率高，监测时间短；可适用于痕量、超痕量污染物萃取等。ASE 的技术要点主要包括以下四个方面：①准备样品。萃取时应避免选择含水率较高的萃取样品，为此，应通过自然风干或加入干燥剂等方法，干燥监测样品；②选择萃取剂。目前常用萃取剂有丙酮、石油醚和三氯甲烷等常规萃取剂；③把握要点。选用泵入填充法，配合溶剂样品建立萃取池，通过加压、加温，使萃取物加热到位；④适用范围。ASE 萃取技术应用萃取的对象包括废油、柴油、二噁英等。

(3)前景展望

ASE 萃取技术主要应用于监测水环境中固体污染物，通过进一步技术改进，增强有机污染物监测针对性、系统性；处理监测样品中易挥发性溶剂时，需进一步改进萃取机制，形成吹扫捕集气相色谱法，提升萃取效率。

2. 气相色谱监测技术

(1)技术原理

气相色谱技术(GasChromatogra-phy，GC)，利用物质的吸附力、溶解度、亲和力、阴滞作用等物理特性不同，对混合物中组分进行分离、分析的方法。GC 技术，主要利用物质不同理化特性，对其进行分析监测。气相色谱分析技术在分析监测过程中，监测水样中组分在流动相与固定相之间连续多次移动，重复分配平衡，由于组分物化性质及几何结构不同，使得流动相与固定相分配比不同，经溶解、解析、吸附、离子交换等作用下，经适当长色谱柱后，不同组分拉开一定距离。水质 88 项指标中可选用气相色谱法分析有机物。

(2)技术特点

气相色谱监测技术主要用以监测环境中挥发性、半挥发性有机物的定性、定量分析；分离效率高，能够实现将组分复杂样品分离成单组分：监测灵敏度高，能够监测水样中微小含量物质；选择性好，能够区分组分相近的同分异构体或同位素：应用范围广，不受组分物质形式及含量限制。

(3)前景展望

与其他监测新技术联用，如质谱技术、微萃取技术等，优化监测技术；进一步开发选择性高、成本低的专用气相色谱柱；应用评价软件，提高监测信息化水平；推动气相色谱仪小型化、自动化，提高监测的便捷性。

3. 遥感监测技术

（1）技术原理

利用水环境辐射、反射电磁波的固有特性的差异，对水质环境进行远距离识别、观测和分析的一种综合性技术系统总称。具体来说，就是利用清洁水与污染水的卫星遥感影像反射光谱特征差异，如悬浮物、藻类、溶解性有机物及化学物质等水体组分，解析遥感监测数据的色彩灰度值，从而分析获得水质污染状况。清洁水与污染水红外图谱色感差异明显，可应用于浮游生物含量、水体富营养化、废水污染、石油污染等类型监测。

（2）技术特点

遥感监测技术应用于水质环境监测，具有监测范围广，可实现大面积、大范围区域水环境监测；监测信息量大，可全面监测水环境透明度、悬浮颗粒物、叶绿素 a 浓度、溶解性有机物、营养状态指数等；实现全面、动态监测，遥感监测技术可对水环境变化情况进行跟踪和评价，准确分析水环境整体变化，可通过被监测区域水质的反复拍摄、扫描，获取最新水环境动态资料，建立变化模型，为水环境监测及污染防治提供基础数据。

（3）前景展望

遥感监测技术应用于水质环境污染监测，具有巨大应用潜力。监测水质参数种类需进一步扩大，研究不同水质参数光学特性，建立不同水质参数数据库，增强高光谱技术水质监测领域应用，积极改进遥感监测统计分析技术，融合多元遥感监测数据，不断提高水质监测精度。

4. 生物监测技术

（1）技术原理

生物监测技术应用于水环境监测，是利用水环境中生物个体、种群或群落对环境质量及其变化所产生的反应和影响，从而分析其环境污染性质、范围及程度，从生物学角度评价水环境质量状况。

（2）技术特点

与理化监测水质环境相比，生物监测技术监测水质，具有灵敏度高、经济实用、监测功能多样等特点。水环境中浓度低的痕量或超痕量污染物细微变化，可使生物迅速反应，将其作为水质变化预警；生物监测技术可用于剂量小、时间累积形成的慢性毒性效应监测，通过食物链将水环境中微量污染物富集，提高监测治理效果。生物监测技术应用于水质环境监测，简化了仪器保养及维修，可大面积连续布点，经济实用。

（3）前景展望

生物群落法、指示生物法、生物毒性实验等生物监测技术可广泛应用于大规模、复杂水环境监测。为进一步拓展生物监测技术，需要完善生物监测标准化体系；建立生物监测数据库，共享监测指标参数；理化监测与生物监测相结合，实现综合监测评价；找寻更多、更可靠指示物种等等。

二、水环境监测技术应用

自然生态环境中，水环境以不同形式存在，通过循环实现跨地区、跨空间水系统转换，从而保证了生态系统的有效平衡，保障了生物自身生长的水资源需求。水环境是生产生活的重要条件和保障，随着经济社会的快速发展，以及社会环保意识的增强，积极应用水环境监测技术，加强水环境质量监测，及时、准确评价水环境现状及污染程度，为相关部门治理水污染提供有力技术支持。

1. 快速溶剂萃取监测技术

孙固玲采用快速溶剂萃取技术监测分析水环境，首先制备样品，利用自然风干、添加干燥剂等，降低被监测样品中含水率。随后，将颗粒物进行研磨，使其粒径控制在0.5mm之下，并掺入海砂、硅藻土等分散剂。其次选取合适萃取剂，根据水质监测需要，可选择石油醚、二氯甲烷等萃取剂，其极性与目标化合物相似。最后，将样品置于萃取池，并泵入溶剂，再经过增压、加温等处理，收集瓶收集萃取物，并对其进行净化、脱水和浓缩，再分析其色谱，从而获得污染物浓度。并与传统的索氏提取技术、自动索氏提取技术、超声萃取技术和微波萃取技术进行比较，相同监测样品量的前提下，快速溶剂萃取技术在溶剂使用、监测时间等方面更具优势，萃取时间更短、监测效率更高。

2. 气相色谱监测技术

郭成顺以普洱市饮用水水质监测为例，选用气相色谱技术对全市饮用水水质进行监测。使用安捷伦6820型，监测饮用水中的有机氯农药、有机磷农药、挥发性有机物和半挥发性有机物等物质含量进行监测。其中，使用固定相5%苯基95%二甲基聚硅氧烷、柱径0.25毫米，膜厚0.25微米的毛细管柱，加温，分离并监测水体中DDT异构体、七氯、硫丹等有机氯农药检出限为4ng/L-0.21μg。以同样的程序和监测仪器，选用程序升温，监测并分离出水体中的敌敌畏、敌百虫、马拉硫磷等有机磷农药成分。利用氢火焰离子化检测器、电子捕获检测器等配置于气相色谱仪，监测出水体中甲苯、硝基苯、四氯化碳、甲基汞等污染物成分及含量。

3. 遥感监测技术

牛志春等综合利用遥感监测、地面监测及监测结果对比分析太湖流域水环境。其中，遥感监测技术利用环境一号卫星数据实时监测太湖水域蓝藻发生的时间、分布及水域演变，并利用遥感监测技术中的图像接收系统、信息处理系统，及时准确地完成太湖水域蓝藻遥感分布图的绘制，并实时输出不同类别的专报和监测成果图。地面监测，则利用环境一号卫星过境期间太湖流域部分蓝藻多发、易发重点监测区域，实时监测蓝藻发生时间及地域分布，并利用监测藻密度及分布，及时对其进行整理分析。通过遥感监测技术的应用，及时观测太湖流域水质、蓝藻情况，及时掌握太湖流域水质变化，为相关部门完善区域水环境污染、生态变化及灾害预测、预警和评估提供良好技术支撑。

4. 生物监测技术

李丹等分析了水环境检测中各种生物监测法的运用：一是利用发光细菌法监测水环境。利用紫外光、荧光法等发光细菌法开展水环境监测，一般可在3h内即可获得可靠监测结果。二是利用生物行为反应监测法监测水环境。如利用斑马鱼类实时监测评估水体环境质量，水中二价铜离子、二价氢离子能够影响斑马鱼体内过氧化氢酶活力、重金属根离子间发生副剂量效应关系，评估水环境中重金属状况。三是利用微生物群落法进行水环境监测。生物群落法监测水体中真菌、藻类微生物含量及变化，并将监测结果进行统计分析，及时掌握水环境中真菌及藻类分布，据此评估水环境水质状况。如，以水中生物种群下降情况，对水体污染物影响进行分析判断。

三、水环境污染治理措施

水是生命之源，也是人类赖以生存、发展的基础性资源，也是生态环境的重要控制要素之一。水环境质量好坏，直接关系到经济社会的可持续发展，也关系到居民健康。因此，要熟练掌握水环境监测技术，及时分析水环境污染现状，为水环境污染治理提供第一手数据支撑。具体来说，既要做好宏观的规划，加强顶层制度设计，也要运用先进的监测技术，助力水环境污染治理工作取得预期实效，保护良好生态环境。既要加强常规生态水环境指标的监测，及时掌握水环境污染现状，也要积极做好常规水环境污染物的治理工作，同时，要不断完善水环境污染治理机制建设。

1. 加强水污染指标监测

根据不同水环境监测技术原理及其特点，利用先进的水环境监测技术，开展水环境污染指标监测工作，并根据监测结果，指导污染物控制工作。

一是控制单一污染物浓度。根据水环境监测结果，及时掌握水环境中的污染物，如COD、BOD、挥发酚、氰化物、氟化物、硫化物、油类、Cd、Hg、Cr6+，色度、浊度等等，并结合水环境污染排放标准中所规定的相关排放标准和排放规范要求，根据监测结果的数据，运用理化方法准确计算出水环境监测样品中的主要污染物类型、污染物含量，并结合排放标准确定单一污染物是否符合环境污染治理的标准。

二是做好污染物排放总量控制。随着经济社会的快速发展，以及工业化、城镇化进程的加快，水环境污染问题日益成为制约和影响城市可持续发展的重要因素。单纯进行污染源监测，以及污染物浓度管理已经难以适应新时期水环境治理工作的现实要求，积极开展排污许可证制度，以及排放总量控制是做好水环境污染防治的重要举措。所谓总量控制，就是根据区域生态环境现状，以及区域内重点污染源和主要污染物从数量上进行管理。通过污染源监督监测，精确地测算出地区污染物排放总量，并根据精确流速等，做好废水日排放总量的控制。积极推广城市污水自动采样仪，探索利用物料衡算，实现取样监测与现场测流分离，从而做好污染总量控制。

2. 做好水环境污染治理

根据现场水环境污染监测，针对水环境中的具体污染物，采取相应的污染防治措施。

一是治理氨氮。氨氮污染物是水环境中常见的超标污染物，去除水环境中的氨氮污染物主要方法：选用预曝气生物接触氧化法。利用曝气使游离态的氨挥发至空气，能够去除70%-80%的氨氮含量；折点加氯预氧化。将氯气投加至受污染水体中，利用曝气去除产生的氮气，既可以去除水环境中的氨气，也可以有效处理生成的氯氨。生化反应去除氨氮。根据环境监测来看，地表水中有机物浓度低，生化处理过程中的过滤、沉淀环节加上以活性炭为载体的曝气生物滤池，增强脱氮处理效果。

二是强化混凝。水环境污染处理中，针对微污染水源水质混凝情况，由于胶体对污染物具有较强的保护作用，从而增加了处理难度。应采用不同方法处理凝聚及絮凝情况：针对水环境中的凝聚情况，可通过加氯脱氮预氧化，实现水体中胶体脱稳；通过增加石灰调节进水pH值，降低色度；加强曝气，原水中增加混凝剂产生二氧化碳，使混凝剂水解，散出游离氨气；或利用多级跌水曝气的形成，使用空气处理凝聚问题。絮凝处理，可对原水浊度进行处理，通过填料接触絮凝，以及折板反应，吸附微絮凝体，解决低温或低浊度水处理难题。

3. 完善水污染防治机制

水环境监测及处理是一项专业性较强的工作，提高水环境污染治理需要不断完善污染防治工作机制。一是生态环境部门要高度重视，充分认识到水环境污染治理在整个生态环境领域治理中的重要作用，夯实环境监测部门、生态环保执法部门的责任，加强生态环境监测技术、人员和经费投入，为生态环境监测工作提供有力支持和保障。二是生态环境部门要积极落实水污染防治工作机制。根据日常生态环境监测结果，督促相关部门切实落实污染防治工作要求，确保水环境污染治理取得实效。三是加强区域综合治理协调工作。根据区域城市规划、工业区规划，以及城乡发展整体情况，结合水环境污染监测结果，统计、研判水污染情况，并有针对性地做好水体污染源综合治理。此外，兑现奖惩机制。设立环境整治基金，由政府投入相应基金，从税收等方面给予激励，同时，建立水环境污染负面清单和黑名单制度，加大水环境污染惩治力度。

四、总结

绿水青山就是金山银山理念已经深入人心，做好水环境监测和水环境污染治理，是实现生态文明建设的重要路径。保护良好的生态环境，就需要做好水环境质量监测工作，及时掌握水环境质量状况，根据水环境污染程度，以及污染物类型，采取切实有效的污染防治措施，不断改善水环境质量，以水环境监测技术巩固生态文明建设成果，实现经济社会可持续发展。

监测数据处理和分析方法

监测是在科学研究中至关重要的一环，其数据不仅用于评估研究对象的状况，还可用于预测未来的趋势。然而，监测数据常常面临复杂性、噪声和不确定性等问题，因此，正确处理和分析这些数据对于获取准确信息至关重要。

一、环境水质监测技术相关概述

1. 环境水质监测技术

环境水质监测技术首先需要对水资源进行采样，然后对采样的样本进行化验，根据化验的数据进行汇总，然后根据汇总数据形成详细的报告，通过这样的方式能够找出水资源中存在的有害物质，对水资源污染的实际情况进行评估。在实际的水资源监测过程中，要对水资源中的有害物质及污染源进行逐一而详细的分析，通过对样本的分析推测出某一区域内水资源污染源的来源。当前，我国应用的环境水质监测相关技术都是通过远程监测技术，通过监测软件对需要检测的水资源进行检测，将本辖区的监测数据进行汇总，上传到上级部门，通过汇总的数据对各个区域内的污染源进行明确查找，这样能够有利于从源头上控制污染源，做好水资源的保护工作。

2. 环境监测水质的方法

(1)滴定法

应用滴定法的程序是首先将已知准确的浓度溶液滴入待测水资源中，将加入的溶液和待测的水溶液根据测量关系发生反应截止。在此基础上测量添加溶液的消耗体积，根据添加溶液消耗的浓度和体积计算出样品在溶液含量，你用滴定法具有快速、简便、精准、普适性的特点。

（2）重量法

重量法又可分为直接分离法和计划法，应用重量法的过程中，通过直接分离法能够分离样品中的各类物质，用计划法则通过相应的方法对样品的成分进行转换，在此基础上对转化的物质进行分类，通过称重明确样本中的组成物质，检测样品中的成分含量。这样的方法不需要借助精密的仪器，利用天平即可完成操作。在实际的操作中，该方法操作较为复杂，且由于仪器精度的影响，难以测定样本中的微量元素。

（3）仪器法

仪器法较为先进的检测方法，在运用仪器法的过程中，通常运用气相色谱法、原子吸收法和液相色谱法，对水资源监测的过程中通过仪器对各项数据进行分析，因此得到的检测结果精度较高，随着当前科技的不断进步，各项操作步骤越来越精细化，得到的结果更加精确，并且应用范围不断扩大，拥有广阔的应用前景。

二、水资源监测数据的处理方法

1. 时间序列分析法

环境水质监测的过程中需要大量的人力物力和财力，随着监测次数的增加，人力物力成本的支出也会随之加大，导致相应资源的浪费。但如果监测次数太少，难以保证检测结果的准确性，导致监测数据的可靠性降低，因此在监测数据处理的过程中运用时间序列分析法，对于环境水质的监测数据处理更加科学合理，对人力资源和物力资源进行科学合理的分配，解决了资源浪费的问题，也提高了水资源监测数据运用效率。

2. 数据反复验证法

在水资源检测的过程中，由于采样的时间和环境因素不同，可能会导致检测结果监测数据之间存在的不同，影响最终的评估结果，因此为了更好的避免这些情况的出现，需要通过对数据进行反复验证，这样才能够最大程度的保障水资源监测的合理，使得各项数据更加精准，更好的反映水资源污染的实际情况，进一步提高水质监测的质量。

3. 无效数据处理消除法

顾名思义，在水资源环境检测的过程中会通过多次检测，每次检测都会获得相应的数据，通过对数据进行处理，对无效数据进行舍弃，由于水质每时每刻都在变化，因此无效数据也会随着监测次数的增多而增加。为了更好的保证水质监测数据的真实性和精准性，需要对数据进行消除，这样才能使检测的最终数据更加精准。

4. 有效数据规整法

利用有效数据规则法通过将需要获取的监测数据进行有效的分类处理，确保数据的准确性和可靠性，在此基础上对各项数据进行分管处理，对不同条件下测得的环境水质数据进行分析，进行分类处理，对水资源的情况进行全面评估，为接下来的水质保护工作提供重要的依据。

5. 数据处理

数据清洗：数据清洗主要涉及处理缺失值、异常值和噪声。对于缺失值，可采用均值填充、插值法或回归模型进行填充；对于异常值，可基于统计学方法，如正态分布、箱线图等，进行识别和处理；对于噪声，可通过去除噪声源、滤波等方法进行处理。

数据变换：数据变换主要用于消除数据尺度的影响，使数据适用于特定的分析和建模方法。常见的数据变换包括对数变换、三角函数变换等。

数据集成：对于来自多个源的数据，需要进行数据集成，以便于统一分析和建模。常见的数据集成方法有数据融合、数据映射等。

6. 数据分析

描述性统计：描述性统计可提供数据的整体印象和特征。例如，均值、中位数、标准差、偏度等统计量可描述数据的集中趋势、离散程度和偏度。

探索性数据分析：探索性数据分析用于深入理解数据的特征和结构。如通过绘制直方图、箱线图、散点图等，可对数据进行初步的探索和可视化。

建模分析：对于特定的研究问题，需要建立数学模型或统计模型进行分析。例如，时间序列分析、回归分析、机器学习模型等都可应用于监测数据的分析。

三、环境水质监测技术中存在的问题及对策

1. 问题

首先，在环境水质监测的过程中存在采用单一性的问题，进行环境水质监测首先需要进行采样工作，在采样工作中需要通过不同时间段用不同方法进行采样，并且做好采样前的仪器清洗工作，这样才能够保证检测结果的准确性，但从实际情况来看，大多数采用工作中存在同一时间同一地点采样，影响了最终检测结果的准确性。其次，对于监测数据的处理方面也存在问题，对于数据处理直接影响最终的评估结果，大多数操作人员在进行数据处理的过程中未能遵守数据修约原则，导致最终的测量结果失去准确性，无法对水资源的实际情况进行准确而全面的评估。最后，操作人员在进行检测的过程中操作技能，综合素质等方面参差不齐，一些操作人员对于监测技术操作不够规范，监测经验相对欠缺，导致监测结果参考性较低，甚至出现较大误差。

2. 对策

首先，要不断完善水质监测管理体系，监测水质质量是需监测工作中的重要问题，要想加强水资源监测结果的准确性，应当建立完善的管理体系，明确相关部门的职能，将具体的权责落实到个人，才能在水资源监测的过程中相互配合，确保最终监测结果的准确性使其更好的评估区域内的水资源污染情况。其次，在进行数据处理的过程中应当严格按照相应的标准，严格落实各项监测工作，例如在监测的过程中严格遵守数值修约原则，确保监测数据的精准性，提高水资源监测的质量。最后，应当对监测人员的综合素质和专业能力进行培训，建立有效的培训制度使其能够积极参与到培训工作中，有效提高培训质量和效率，另一方面，要优化人力资源结构积极吸纳高素质人才参与到监测工作中，这样才能够保证环境水质监测有专业人才队伍支持。

水资源是人类赖以生存的基础，当前水资源短缺和水资源污染是制约社会发展的重要影响因素。为了更好的保护水资源，合理利用水资源，做好环境水质监测技术分析与监测数据的处理，对于保护水资源和利用水资源等方面具有十分重要的意义。通过分析水质监测技术监测数据的处理，能够更好的指导水资源的保护工作。从实际情况来看，在当前水质分析监测技术实施的过程中还存在着一系列问题，影响了水资源监测结果的准确性和评估的全面性，因此，需要制定有效的解决策略针对这些问题进行完善，确保环境水质分析监测技术更好的进行水资源检测，通过对数据的处理使其更加全面而真实的反映水污染的情况，通过这样的方式才能够更好的保护水资源，使水资源推动社会的永续发展。

总之，监测数据处理和分析是一个复杂且重要的过程，它要求我们熟练掌握各种数据处理和分析方法，以便从复杂的监测数据中提取有价值的信息。通过理解数据处理和方法，我们可以更好地理解和应用监测数据，为科学研究提供有力的支持。

监测数据存在的问题和对策

随着城市化建设进程不断加快，用水量逐渐增加，导致排污量也随之上升，这在较大程度上会对水资源产生不同程度的破坏。为此，国家为了保护水资源，采取了较多措施对城镇水污染情况进行有效的控制，不但能够为各个行业的经济发展奠定良好的基础，而且还可确保人们身体素质的提高。但目前我国水资源污染较为严重，主要污染来源为工业污染以及生活污水，据此，文章分析了我国水环境监测存在的问题，并提出了我国水环境监测的对策。

一、我国水环境监测存在的主要问题

1. 监测数据误差问题

国家为了治理水污染问题，对地表水质量进行了有效的监测，这也是水污染控制的第一步，能够为后续水污染控制奠定良好的基础。随着人们对水资源重视度不断提升，监测部门加大了水资源的监测力度，但是目前我国对水资源监测能力存在一定的局限性，并且建设设备很难进行创新，导致监测数据存在不同程度的误差，这在较大程度上很难对水环境质量具体把握，导致工作人员无法根据监测结果采取有效措施对水资源进行控制，这在一定程度上会产生不必要的水资源浪费。

2. 重监测轻分析，环境质量综合分析水平偏低

环境质量综合分析是环境监测体系的重要组成部分，是实现监测数据向环境管理决策转变的重要环节。环境质量综合分析工作的好坏反映了监测站综合技术能力的高低，也决定着监测站在环境管理中的地位和受重视程度。目前，重监测轻分析，环境质量综合分析水平偏低，是各级环境监测站的“通病”。大部分监测站只注重实验室检测和报出监测数据，不重视监测结果的分析和总结，因而不能及时发现和改正工作中的问题；编制的水环境质量分析报告，大多只是对监测数据的描述和简单分析，没有总结出水环境质量变化趋势、原因以及存在的问题，也就提不出针对性的对策建议，为环境管理服务的应有作用没有得到发挥。

3. 不统一的监测体系管理

环境监测把同一生态流域由多个部门进行管辖，进而形成各自为政的局面，再加上水资源管理人员太过重视辖区范围内的利益，而对全流域利益欠缺考虑，并未深入流域管理概念。使区域控制和流域控制实现有机结合，还需要确保水资源的监管系统具备长期性，按照不同河段、流域以及不同水利工程影响经济的程度来对流域内管理任务和权限进行统一，并尽可能做到权利、责任、利益的统一。

4. 较少的水环境评价和监测指标

水环境监测开展的依据便是水污染的排放标准和水环境的质量标准，它的标准限值和监测项目是监测体系建立的导向和依据。现如今，地表水环境的质量标准项目包括饮用水水源补充项目和特定项目以及基本项目，事实上，地表水环境的质量标准项目在全国渠道、水库、运河、湖泊等地表水域中都非常适用；以饮用水水源补充项目以及特定项目作为项目补充指标，并用相应水资源的监测指标来评价水质很显然是不够充分的。

5. 工作人员专业能力不足

在对水环境实际检测的过程中存在一些问题，一些监测人员自身监测技能以及专业知识储备不足，直接导致工作人员自身监测能力无法得到有效提升，这在一定程度上很难提高水环境监测工作质量。我国目前水污染监测设备创新进度较为缓慢，依然采用传统设备，在操作的过程中会暴露各种问题，导致监测数据存在一定的误差，并且在此基础上，一些设备对信息处理也会存在不同问题，致使监测质量很难有效提升，这在较大程度上制约了水环境监测工作质量。

二、我国水环境监测问题的解决对策

1. 深化水环境监测的管理体系

为有效解决当下水环境监测方面所面临的问题，提高水环境监测和预警能力，有关部门应深化水环境监测管理体系的构建，用完善的管理体系来指导和约束水环境监测工作。只有在完善的水环境监测管理体系下，各个岗位人员才可以充分意识到自身工作的重要性，积极根据相应的管理制度和规范来参与到水环境监测预警的工作中来。因为水环境监测的任务繁重，不仅涉及了多个部门的工作，且投入的人员数量也相对较多，为提高水环境监测水平，在水环境监测管理体系中应做到分工明确，使得每个岗位人员都可以充分履行其职责，并保障不同岗位之间的相互配合。

2. 加强监测质量管理，全面提高水质监测质量

各级监测站，应认真贯彻执行国家《环境监测质量管理规定》（环发E[2006]114号），大力加强并规范地开展水质监测质量管理和质量控制（QA/QC）工作，实施水质监测全程序质量控制，尤其加强水样采集和前处理过程的质量控制以及数据审核，将质量管理要求真正落到实处，减少不合理数据现象。同时，积极配合国家环保部实施“环境监测质量行动三年计划”，采取各种质量控制形式，全面提高水环境质量监测数据质量。

3. 提升数据和信息的实用性

在水环境监测的过程中，不仅仅是需要专业的理论知识作为工作展开的基础，也需要专业技术体系作为工作展开的基础。因此，在完善水环境监测管理体系、运行机构的同时，也要不断的加强水环境监测的技术形式，对现有的技术进行高效的使用；另外，在水环境监测的过程中，要全面加强水环境监测数据和信息的分析能力，对其相应的分析设备和技术，进行全面的利用。但是，在分析的过程中，要根据地表水、地下水、水环境循环系统等各个方面的监测数据和信息基础之上，进行全面的分析，制定完善的水环境监测技术体系，这样不仅仅在最大程度上保证了水环境监测数据和信息的稳定、可靠等性能，也有效的提升了水环境监测数据和信息的实用性。

4. 实施优先监测指标，加强水环境在线监测能力

水环境监测中涉及的监测指标较多，且每个指标对于水环境监测和保护工作都尤为重要，因此。水环境监测机构在自身的工作过程中，应不断积累经验，实现对各项监测指标的优化，加强水环境在线监测能力。任何的水环境监测项目实施的过程中，需做好此类项目的综合规划，用新的水环境监测指标来替代传统的综合指标，用更多单向监测指标来代表水环境的相关情况，加强对各种水环境监测指标和数据的分析，以获得准确的水环境监测数据，实施污染的分类治理和防控。

5. 加大水环境预测研究的力度

现如今，水质监测和水污染控制是水环境监测最主要的方式，并且水环境的预测分析尚未实现系统化。水环境监测开始之后，累积了很多监测数据，然而这些监测成果尚未被完全利用。通过对水环境监测的现状以及实验进行分析，并分析预测水环境，包括不同流域以及季节对水资源造成影响的相关因素，开展对水利和水质监测的使用，从而提升水资源服务的能力。

6. 加大监测人员培训力度

在进行水环境监测的过程中，监测人员需要对水源发展规律进行有效的总结，以此为水工艺优化奠定良好的基础，并且在此基础上提出降低监测成本的合理意见。首先，需要严格执行国际监测标准；其次，还应完善质量体系，这对提升监测人员工作积极性具有较大促进作用。同时还需要提高部门之间的责任心，不同水域的监测人员应当加强环境监测力度，以此使监测部门能够掌握水污染的发展规律。

综上所述，目前我国的水资源已经进入危险的初期，同时还有大部分水环境被严重污染。直至目前为止，水资源监测系统得到建立和健全的城市也非常少。水资源危机的日益严重给人们生活和经济发展造成了很大的负面影响，所以，怎样使水资源环境的监测体系得到建立和健全便成为目前环境监测者迫切需要解决的问题。

第八章 水资源保护与利用

黄河流域水资源的可持续利用

黄河流域水资源状况关系着国家生态安全。同时，黄河流域作为脱贫攻坚的重要区域对我国全面打赢脱贫攻坚战具有重要意义，因此，该流域水资源利用问题对于我国经济社会发展也有着重要影响。实施黄河流域生态保护和高质量发展国家战略涉及生态、经济、社会诸多方面。黄河流域的治理既面临着生态环境脆弱、水土流失严重等自然生态问题，也面临着贫困人口多、贫困程度深、脱贫攻坚任务重等经济社会问题。要实现将黄河流域打造成大协同、大保护的引领区、示范区的战略目标，一个重要的前提是流域水资源的可持续利用。

一、概述

黄河流域水资源可持续利用涵盖了丰富的内容，如果只考虑水资源本身，重点是水量、水质两个方面的问题：一是从水量来讲，就是要有水可用；二是从水质来讲，就是要可用的水干净。如果考虑到水资源利用问题，重点是用水效率和用水结构两个方面的问题。这些问题不仅是党中央、国务院高度关注的重大战略问题，而且也是学术界研究的热点问题。长期以来，学术界从不同视角对此进行研究，取得了一定的研究成果。

水资源的可持续利用一直都是黄河流域健康发展最基本的问题，特别是黄河流域生态保护和高质量发展上升为重大国家战略之后，国家对流域水资源配置提出了更高要求。为此，应根据黄河流域生态保护和高质量发展的目标需求，构建相应的水资源保护技术体系，特别是在水环境综合控制、生态需水、水生态修复、地下水保护等领域亟待实现前沿技术突破。近些年来，在全球气候变化影响下，黄河流域水资源显著减少，供需矛盾日益尖锐。因此，应以提升保障流域水资源安全的调控能力为目标，研究黄河流域水量分配方案优化及综合调度的理论方法，构建黄河流域水资源优化配置与协同调度技术体系。为保障黄河流域高质量发展对水资源的需求，在考虑预留生态（含输沙）水量、下游南水北调及海水利用可替代黄河供水量及上中游部分产业发展需水的基础上，研究向黄河上中游分配更多水量指标的水资源战略配置方案。

提高水资源利用效率既是实现黄河流域生态保护和高质量发展的基础，也是其中的重要内容。有关研究表明，黄河流域9省（区）综合农业水资源利用效率呈现出明显的地域差异性特点。黄河流域整体用水效率高于全国平均水平，而且中下游地区用水效率高于中上游地区，呈现出“东高西低”的空间分布特征。

改革开放40多年来，黄河流域经济社会发展取得了显著成效，与之相伴的则是用水量的增加，以及生产废水、生活污水的大量排放。因此，在关注水资源量的同时，对水质的关注也越来越多。近些年来，随着国家水污染治理和水环境水生态保护力度的不断加大，黄河流域水质整体上呈现出逐步改善的趋势，水质达标率为77.4%。制定黄河流域水污染防治“十四五”规划，应坚持以水环境质量改善为核心，同步推动水量和水生态保护，构建空间、源、责任的三大体系，针对流域特色问题精准施策，促进黄河流域生态保护和高质量发展。

在实现黄河流域水资源可持续利用的过程中，生态补偿机制发挥着一定的作用。研究表明，在黄河流域重要的生态功能区，应科学评价发挥主要作用的生态系统服务价值，进而确定补偿标准。黄河流域是我国现代水权制度建设的典范，曾制定了水量分配方案，开展了水量调度，并对水权转换进行了探索，但流域水权制度建设没有完成。在新形势下，黄河流域应进一步明晰水权、建立生态和环境水权、构建水权交易机制、转变机构职能，进一步推进水资源监测、计量和管理系统建设{9}。在实施流域生态补偿机制、完善水权转让制度的同时，应积极探索用水指标与土地指标调控的联动机制，以推动新的水资源配置方案的实施。

以上文献从不同侧面对黄河流域水资源可持续利用中的相关问题进行了研究，为本研究提供了理论及实践层面的借鉴。本节的学术意义体现在三个方面：一是分析了黄河流域水资源可持续利用中的水量、水质、水效三大核心问题；二是剖析了解决三大核心问题的路径抉择；三是提出了实现黄河流域水资源可持续利用的对策建议。

二、黄河流域水资源及其利用现状

黄河发源于青藏高原巴颜喀拉山北麓约古宗列盆地，流经青海、四川、甘肃、宁夏、内蒙古、陕西、山西、河南、山东等9省（区），干流全长5464km，流域（包括黄河内流区）总面积为79.5万km。

1. 黄河流域水资源现状分析

（1）黄河流域水资源的空间分布特征分析

有关资料表明，2018年，我国水资源总量为27462.5亿 m3，黄河流域9省（区）水资源总量5900.4亿 m3，占全国水资源总量的21.49%。四川省的水资源量占流域水资源量的50.04%；因为四川省既属于长江流域，也属于黄河流域，如果以省作为分析尺度，数据明显偏大。作为三江源的青海省其水资源量占流域水资源量的16.30%。

（2）黄河流域水资源水质特征分析

从生态学意义上来讲，黄河流域的自然本底较差，生态环境脆弱，水土流失严重。在快速工业化和城镇化背景之下，不当的人为因素与自然因素相互叠加，对流域生态环境影响更加明显，特别是导致了部分干流水生态环境的日益恶化。当前，迫切需要加强流域水生态保护，在实现黄河流域自身健康的同时，更好地满足人们生产生活的需要。黄河流域9省（区）水土流失面积及其流失强度构成见表。黄土高原是黄河流域水土流失最严重的区域，土地总面积57.46万 km^2，水土流失面积21.37万 km^2，占土地总面积的37.19%。其中，水力侵蚀面积16.29万 km^2，风力侵蚀面积5.08万 km。由此可以看出，严重的水土流失，不仅导致了黄河水含泥沙量极高，造成了“水混”，而且泥沙淤积导致了黄河下游河床的日益增高，使黄河成为“悬河”。

随着经济社会的发展，来自工业企业、农业以及居民生活的污水对黄河水环境的污染也难以避免。《2018中国生态环境状况公报》显示，2018年在监测的137个水质断面中，Ⅰ类断面占2.9%，Ⅱ类断面占45.3%，Ⅲ类断面占18.2%，Ⅳ类断面占17.5%，Ⅴ类断面占3.6%，劣Ⅴ类断面占12.4%。总体上而言，黄河流域水质属于轻度污染，主要污染指标为氨氮、化学需氧量和五日生化需氧量。对主要支流而言，在106个监测断面中，Ⅴ类断面占4.7%，劣Ⅴ类断面占16.0%。

2. 黄河流域水资源利用结构

（1）水资源利用结构及动态演化特征

2018年，黄河流域9省（区）用水总量为1270.9亿 m^3，其中，农业用水比例为64.20%，高于全国农业用水比例2.80个百分点；工业用水比例为14.62%，比全国工业用水比例低6.35个百分点；生活用水比例为14.78%，比全国生活用水比例高0.49个百分点；生态用水比例为6.40%，比全国生态用水比例高3.06个百分点。

黄河流域是我国粮食生产的一个主要区域。2018年，在全国粮食播种面积中，黄河流域9省（区）粮食播种面积所占比例为36.03%；在全国粮食总产量中，9省（区）粮食产量占35.37%。{11} 同年，黄河流域农业用水量占全国农业用水量的比例为22.09%。从这个意义上来讲，黄河流域粮食生产与灌溉用水之间实现了脱钩。

从用水绝对量的动态变化来看，黄河流域总用水量从2004年的1154.8亿m^3增加到2018年的1271.1亿m^3，增加116.3亿m^3，增长了10.07%。这些数据表明，黄河流域生态保护得到进一步加强。用水量增长程度非常大，为实施黄河流域生态保护和高质量发展奠定了建设的基础。用水结构的变化特征也表现出相似的特征，即农业、工业等产业用水比例下降，生活、生态用水比例增加。从2004年到2018年，农业用水比例下降了6.76个百分点，工业用水比例下降了1.50个百分点，生活用水比例增加了2.68个百分点，生态用水比例增加了5.56个百分点。

（2）水资源利用结构的空间结构特征

黄河流域9省（区）水资源利用表现出明显的区域差异性。从农业用水量来看，四川、内蒙古、河南、山东4省（区）都超过了100亿m^3，分别为156.6亿m^3、140.3亿m^3、133.5亿m^3、119.9亿m^3，它们合在一起占全流域农业用水量的67.45%。从农业用水量所占本省（区）总用水量的比例来看，山东、河南、陕西、四川、陕西5省低于黄河流域64.19%的平均水平，而内蒙古、青海、甘肃、宁夏4省（区）高于上述平均水平（见表4）。

2018年，黄河流域9省（区）粮食产量实现23268.9万吨，占全国粮食总产量的35.37%；其中，作为国家粮食主产省的四川、内蒙古、河南、山东4省（区），粮食产量实现19015.40万吨，占黄河流域粮食总产量的81.72%{12}，同期，农业用水量占整个流域农业用水量的64.19%。每个省（区）粮食播种面积、粮食产量及农业用水量的匹配情况见表。

三、黄河流域水资源可持续利用的核心问题

实现黄河流域生态保护和高质量发展的最根本的问题，就是实现水资源的可持续利用，为整个流域的健康持续发展提供保障。水资源的可持续利用包括三个层面的内容：保障水量、保护水质、提高水效。

1. 核心之一：保障水量

保障黄河流域水资源足量，一是应满足于黄河生态系统健康的需要，二是应满足流域产业发展、居民生活的需要。从这个意义上来讲，除了有足够的水量之外，还涵盖了水量在区域、产业之间分配的公平性。

（1）保障流域经济社会发展对水资源的需求

由于黄河流域经济社会发展关乎全国的整体发展，并且随着流域经济社会的发展，水资源的刚性递增态势短期内不可能得到扭转，如何通过技术、生态、经济、制度建设等措施更有效地配置水资源，实现资源的可持续利用，满足整个流域生态保护和高质量发

展的需要就显得尤为重要。

（2）保障流域生态健康对水资源的需求

近些年来，黄河流域经济社会的发展对流域生态环境造成的影响明显增加，而自然环境自身的演变与此叠加，给黄河流域的生态环境造成了巨大的改变，带来了一系列水资源、水环境、水生态问题。上游植被退化、中游水沙锐减、下游用水紧张、河口三角洲退缩等成为黄河流域出现的新问题，这些都对实现黄河流域生态保护和高质量发展提出了新的挑战。为此，应保障流域生态环境用水，提升流域生态环境系统服务质量，确保黄河流域自身健康发展。

（3）实现流域水资源区域间、产业间的科学分配

多年来，黄河流域水资源的供需矛盾较为突出，如何有效管理逐渐减少的水资源，特别是如何在流域9省（区）科学分配水量成为黄河流域生态保护和高质量发展面临的巨大挑战，也是必须要解决的关键问题。目前，黄河水资源的分配方案依然是按照1987年9月11日国务院办公厅转发的国家计委和水电部《关于黄河可供水量分配方案报告的通知》（国办发 [1987]61号）（简称“八七分水”方案）执行。30多年后的今天，黄河流域生态环境、社会经济都发生了很大变化，水资源禀赋及对水资源的需求等都发生了变化。因此，应对“八七分水”方案进行科学调整，使整个流域的水资源配置更加优化，助力黄河流域生态保护和高质量发展。在解决水资源区域分配的前提下，各省（区）应根据产业发展情况，科学做好区域内产业之间的配水方案。

2. 核心之二：保护水质

黄河水质存在的问题一是受水土流失影响导致的“水混”，二是受流域产业发展及居民生活影响导致的“水脏”。从高质量发展的视角来看，水质的影响会日益严重，因为其影响到健康中国战略的实施。

（1）治理水土流失导致的“水混”

黄河流域特别是地处中游的黄土高原地区，因其气候干旱、地势高、植被稀少、暴雨集中等不利的自然条件，再加上经济社会发展过程中土地利用方式的不当，水土流失严重，水土流失总量每年约为16亿吨，是我国水土流失最严重的地区。正是如此，导致了黄河成为多泥沙的河流，进而导致黄河下游洪水泥沙灾害的频发。

（2）治理经济社会发展导致的水污染

前面对黄河流域水质状况进行了阐述，在此不再赘述。黄河流域的一些重要支流污染依然严重，水体水质无明显改善；同时，污染排放的区域性、结构性特征依然突出，化学原料和化学制品制造业、农副食品加工业、食品制造业为主要排污行业。此外，城乡

居民生活污水没有得到有效处理，直接进入流域水体，导致水环境的污染。因此，应强化流域水环境污染防治，包括饮用水水源地整治、黑臭水体治理、基础设施建设等，全面治理流域水环境。

3. 核心之三：提高水效

坚持绿水青山就是金山银山的理念，坚持生态优先、绿色发展、以水而定、量水而行。当前，黄河流域的用水治理进入了新阶段，这也对水资源利用与管理提出了更高的要求。为此，要大力推广节水，提高产业用水效率、生活用水效率，构建节水型社会。

（1）提高产业用水效率

实现黄河流域水资源开发利用方式的转变，应以提高水资源利用效率为核心，将节水优先的理念转变为行动。针对农业、工业等不同部门用水的特点，选择适宜的节水技术，降低万元工业增加值用水量，提高单方水的粮食产量，提高农田灌溉水有效利用系数，提高产业用水的效率，并将相关技术加以推广与示范，形成流域节水的引领区、示范区。

（2）提高城镇生活用水效率

近些年来，随着农村饮水安全工程的实施，农村饮水安全工程规范化建设水平进一步提高，城镇生活用水条件得到极大改善，这也使得生活用水量急剧攀升。可以说，与全国其他地区一样，黄河流域水资源利用普遍存在着利用效率低、浪费现象普遍等问题。因此，提高城镇生活用水效率是实现黄河流域水资源可持续利用的一个重要方面。

四、黄河流域水资源可持续利用的路径抉择

围绕着黄河流域水资源可持续利用的三大核心问题，应立足流域的实际情况，遵循精准、科学、有效的原则推动黄河流域的生态保护和高质量发展。

1. 加强生态保护与治理，为流域水资源安全提供保障

（1）构建黄河流域生态保护体系

流域是我国主体功能区战略落实的重要载体之一。在黄河流域高质量发展过程中，落实主体功能区战略是关键一环。为此，一是保护生态功能区。黄河流域分布着一些我国重要的生态功能区以及生物多样性集中区，对维护国家生态安全发挥着重要作用。因此，黄河流域应全面落实主体功能区战略，优化国土空间开发格局，严格水源涵养生态保护红线区、生物多样性维护生态红线区、土壤保持生态红线区建设与管理，构建人与自然和谐相处的生态保护空间格局。二是保护生物多样性。生物多样性不仅为人类社会生存和发展提供了基础，也为人类健康提供了重要保障。保护黄河流域的生物多样性需要划定全流域生物多样性保护的优先区域，并构建生物多样性系统研究体系、综合信息

共享体系、资源信息管理系统、综合评估体系等四大系统加以推动{14}。三是加快防护林体系建设。在黄河流域上中游地区，扩大公益林保护范围，并进一步加快防护林体系建设，为黄河健康提供保障。四是制定黄河保护法。在推动黄河流域生态保护和高质量发展战略实施进程中势必会遇到一些新问题。因此，建议在时机成熟之后，制定黄河保护法，将黄河治理、开发、保护与管理的成功经验、成熟政策上升为法律制度，也为解决黄河流域特殊矛盾与问题提供法制保障，更好地推进黄河流域生态文明建设。

（2）实施流域生态廊道建设工程

生态廊道不仅可以保护河流及沿岸生物资源，而且可以提供良好的生存环境。一是建设黄河绿色景观廊道。依据因地制宜原则，选择适宜本地的树种、草种，严格依据生态学规律，做好不同区域景观廊道的建设，使其真正发挥生态功能。二是建设黄河生态隔离带。黄河流域上中下游生态功能不同，应依据区域特有的资源，采取生态措施，科学修复退化的生态系统，逐步恢复该地区的生态环境，使之成为生态系统稳定、功能突出、生物多样性丰富的黄河生态隔离带。三是构建生态休闲带。新时代居民日益增长的美好生活需要对生态休闲带建设提出现实需求。因此，黄河流域应依据资源环境基础，建设一批具有住宿、餐饮、医疗等基本功能的生态休闲带，并将区域的文化、工艺品、有机食品、养生保健产品等纳入到生态休闲带建设之中，进而培育塑造差异化品牌。

（3）推动水土流失的生态治理

地处黄河流域中游的黄土高原水土流失严重，也是开展水土流失生态治理的重点区域。为此，应做好黄河流域水土流失综合治理的顶层设计，将其作为一项十分重要的基础性工作，通过技术手段、生态措施并配以相应的政策措施使水土流失生态治理逐渐走向制度化、智能化，提升流域生态支撑能力。一是创新水土流失治理模式。改变传统水土流失治理模式，采取流域内节约用水、控制污水排放及减少泥沙输出协同治理模式，实现1+1>2的效果。二是实现水土流失治理技术的集成。黄河流域严重的水土流失不但源于自然因素，也源于人为因素。因此，治理水土流失不能依靠单一的技术或者措施，需要将工程措施、生物措施、农技措施进行集成。黄河流域上中下游水土流失的诱因不同，要因地制宜综合考虑各地方的治理需求，拓展思路、开拓新思想，采取相应技术的集成，保证治理效果的同时实现其可持续性。三是建立水土流失治理监测评价机制。要注重黄河流域水土流失治理成效，包括面积的消减、土壤侵蚀强度的防控、水土保持措施的维护以及水土保持功能的提升等。“减量、降级、增效”应作为新时代黄河流域水土保持的目标。因此，应以多指标作为流域水土治理成效的考核评价的依据，为黄河流域水土保持补短板、强监管提供科学依据。

2. 推动产业提档升级，减少对流域水环境的污染

(1)对传统产业实施生态化改造

2016年，工信部发布了《工业绿色发展规划(2016—2020年)》(工信部规〔2016〕225号)，为工业企业实施绿色转型升级提供了战略机遇，也指明了方向。一是注重对传统产业的生态化改造。当前，尽快建立黄河流域传统产业清单，依据绿色发展理念，确定需要进行生态化改造的重点产业。根据这些产业发展特点，选择适宜的绿色技术，对其进行升级改造，提升能源资源节约集约利用效率。二是推动工业结构的提档升级。加大资本投入，推广绿色技术、绿色工艺的使用，在推动传统产业绿色改造升级的同时，促使产业结构提档升级。三是发展新兴绿色产业。发展绿色新兴产业已经成为加快工业绿色转型的突破口，为此，应发挥科技研发优势，集中对新兴绿色产业基础技术、前沿技术和共性技术进行攻关，同时，财政金融出台相应的政策措施，加大对新兴绿色产业的支持力度。四是推进工业生产体系的绿色化建设。针对流域工业发展的实际，从工业生产体系的特点入手，打造绿色工业生产体系。强化对传统高能耗产业的绿色化改造，坚决淘汰落后产能。

(2)注重培育绿色发展新动能

党的十八届五中全会提出了“绿色、创新、协调、开放、共享”五大发展理念，绿色发展已成为新时代发展的主旋律。因此，在新旧动能的重要转换期，培育绿色发展新动能对于推动黄河流域高质量发展、实现水资源的可持续利用具有重要的意义。一是打造生态农业发展高地。黄河流域作为我国重要的农业生产区具有相对较好的生态资源基础及生态环境条件，为生产优质安全健康农产品提供了可能。应充分利用黄河流域干净的水土资源优势，因地制宜发展特色生态农业，并实施农产品品牌创建工程，实现农产品的生态化，并注重产业的融合发展，打造生态农业发展的高地。二是推动生态工业提质增效。遵循循环经济的发展理念及原则，在节能减排控制目标之下，推动流域生态工业的发展。为此，制定流域环保负面清单，着力发展先进装备制造、新能源、新材料等新兴产业，加快推进工业绿色发展，增加绿色产品和服务有效供给、补齐绿色发展短板，形成工业发展新动能。三是发展生态服务业。新时代，关注生态、关注健康成为人们消费的趋势，顺应这个需求市场，需要大力发展生态服务业，使其成为生态产业体系的新增长点。特别是应大力发展绿色金融、绿色物流、绿色技术服务、生态文化旅游休闲服务、医养结合服务等新业态。

3. 推广节水技术，提高水资源利用效率

（1）实施节水技术的集成，提高农业用水效率

对黄河流域农业用水而言，应在实现农业用水优化配置的同时，通过节水技术与农艺技术的集成，挖掘农业用水效率潜力。一是推广农业节水技术，节约农业用水。在黄河流域的适宜地区，根据种植结构及水源条件，适度推广喷灌、微灌、滴灌等节水技术，实现农业节水。二是推广农艺和生物技术，实现节水目的。在黄河流域农业生产中，适宜的耕作和栽培制度发挥着很重要的作用，如选育和推广优质耐旱高产品种，以及地膜覆盖、增施有机肥等耕作措施，在一些干旱半干旱地区适当采用生物抗旱剂、土壤保水剂等技术，这些均可以提升水分利用效率。三是推广水肥一体化技术，建立现代节水型农业体系。在黄河流域一些典型区域的日光大棚内有着较为完善的节水补灌设备，通过采取水肥一体化技术推动了瓜果、蔬菜等经济作物的生产，以实现节水与高效的统一。

（2）强化技术改造，提高工业用水效率

工业用水量与工业规模、工艺流程特别是工业结构及管理水平有着密切关系。对黄河流域工业节水而言，需要以技术改造为主，采取综合措施，实现工业用水效率的提高。一是调整工业企业的布局与结构。按照推进供给侧结构性改革、化解过剩产能的总体部署，黄河流域各省（区）应把水资源作为刚性约束因素，淘汰高耗水行业中用水超出定额标准的产能，促进产业转型升级。严格实行用水定额管理，根据水资源变化和节水效果定期调整，倒逼工业企业提高节水能力，引导高耗水行业的既有产能向高效节水方向调整。二是强化高耗水行业的节水改造。建立黄河流域高耗水企业、用水工艺、技术和设备的目录，该淘汰的必须淘汰，该实行技术改造的必须改造，特别是加快对钢铁等高耗水企业实施节水工艺改造。充分利用日益严格的环保规制迫使工业企业采用生态环保技术，推动工业企业的清洁生产，逐渐走向工业生态的发展道路。三是提升工业用水重复率。围绕着火电、钢铁、石化、化工、印染、造纸、食品等高耗水工业行业进行节水技术改造，大力推广工业水循环利用，提高工业用水重复利用率，增加重复利用水量，减少取用新鲜水量。

（3）多种措施并举，推动城乡生活节水

在黄河水资源供给有限的情况下，节水应成各全社会的共同行为。一是树立节水理念。通过媒体平台及时公布黄河水资源现状，普及全民节水的迫切性、重要性，激发全社会对黄河水资源可持续利用的广泛关注，激励民众参与到治水、管水、节水中来。二是推广节水设施的应用。在强化城乡供水管网等基础设施改造的同时，推进节水产品的推广普及，特别是学校、医院、宾馆等重点单位应加大节水器具的使用。公共建筑和新

建民用建筑应采用节水器具，淘汰公共建筑中不符合节水标准的用水器具。同时，鼓励居民家庭选用节水器具。并将节水器具的覆盖率作为评选节水型单位、节水型社区的重要指标。三是利用价格机制助推节水。在黄河流域城乡各地大力推行居民用水阶梯价格，以经济杠杆推动社会节水。

五、实现黄河流域水资源可持续利用的对策建议

实现黄河流域水资源可持续利用，需要从国家层面提供一定的资金保障、技术支撑，更需要在制度、机制上加以保障，以推动黄河流域高质量发展。

1. 落实国家战略，顶层谋划黄河流域水资源的可持续利用

（1）建立黄河流域协同治理机制及组织机构

要全面实施黄河流域生态保护和高质量发展重大国家战略，流域9省（区）人民政府应深刻认识到协同治理的极端重要性，秉承协同治理理念，采取相应的协同治理行为，统筹山水林田湖草系统治理，系统性推进整个流域生态保护、生态修复及生态建设。一是成立黄河流域生态保护和高质量发展协作小组，由分管水利工作的国务院领导任组长，水利部、9省（区）人民政府主要领导为成员，协作小组设立办公室，挂靠在黄河水利委员会。该小组负责统筹协调推进黄河流域生态保护和高质量发展工作，研究解决有关重大问题，协调落实有关重点工作。二是建立黄河流域生态保护和高质量发展协同推进机制，确保党中央、国务院关于黄河流域生态保护和高质量发展的决策部署以及协作小组确定的具体推进方案得以顺利实施。同时，完善黄河流域省、市、县、乡镇四级“河长制”组织体系及巡查、监督、考核等工作机制，落实各级管理责任。

（2）尽快制定以水资源可持续利用为核心的规划纲要

依照黄河流域保护和治理系统性、整体性、协同性的要求进行顶层设计，紧紧围绕黄河流域水资源保护与利用、生态环境保护等重点任务，充分发挥规划的引领作用，把流域规划好、利用好、保护好。为此，一是尽快制定并颁布《国家中长期黄河流域生态保护和高质量发展规划纲要》（以下简称《纲要》）。建议由国家发展和改革委牵头，组织相关部门及相关领域的专家尽快制定《纲要》，为实现黄河流域生态保护和高质量发展战略制定新的时间表、路线图，明确相应的思路和措施。二是制定《黄河流域水资源可持续利用规划（2021—2030）》（以下简称《规划》）。依据《黄河流域综合规划（2012—2030年）》，充分考虑近些年来黄河流域水资源利用的动态变化特点，为进一步优化流域水资源在区域之间、产业之间的配置以及水质的保护等对流域水资源可持续利用进行长期谋划、超前谋划。特别是应在“八七分水方案”基础上结合黄河流域9省（区）经济社会发展的实际，对原来的分水方案进行科学调整，实现水资源在省域之间的公平分配，推动黄

河流域9省（区）的协调、均衡发展。三是制定省级水资源可持续利用规划。黄河流域9省（区）在上述《纲要》及《规划》的框架范围之内，结合区域水资源状况以及经济社会发展的实际，对本区域水资源可持续利用进行谋划，在区域范围内实现水资源的优化配置及高效利用。

（3）实行最严格的流域水资源管理制度

基于《关于实行最严格水资源管理制度的意见》《实行最严格水资源管理制度考核办法》，黄河流域也出台了一系列实施方案，并划定了黄河水资源开发利用的“红线”。一是严格执行《推行最严格黄河流域水资源管理制度实施方案》等系列方案。为实现黄河水资源可持续利用，维持黄河健康生命，并为流域经济社会发展提供支撑，先后制定了《推行最严格黄河流域水资源管理制度实施方案》《最严格的河道管理制度实施方案》《落实最严格的水土保持监督监测制度实施方案》，为黄河流域9省（区）实施最严格水资源管理制度提供了制度保障。二是严格遵循《黄河水资源开发利用“红线”控制指标体系》。黄河水资源开发利用“红线”的主要控制指标体系包括行政区域可供水量控制指标“红线”、用水效率控制“红线”、水量调度控制指标、重要断面生态需水量四个方面的内容。流域9省（区）要严格按照“红线”共同推进黄河水资源的可持续利用。三是划定流域农业用水“红线”。农业用水红线是指为了保障国家农产品安全所需要的最低农业用水量，对其进行划定需要充分考虑黄河流域农产品生产的区域布局特点，考虑多年来农业生产用水量情况以及未来农业节水的发展趋势。

2. 建立有效机制，提升黄河流域水资源供应能力

（1）建立水资源战略储备，提高应对风险能力

全球气候变暖可能会对黄河流域水资源产生一定的不利影响，进而对区域经济社会的发展以及居民生活造成一定的影响。为此，应建立水资源战略储备体系，减少极端天气等对水源保障能力的影响。一是推动水库、引水工程、灌区节水改造工程建设。根据黄河流域水利工程建设的规划设计，加快推进一批骨干调蓄水库、引水工程及灌区节水改造工程以及河湖连通工程建设，提升水资源供应保障能力。同时，加大节水力度，提高水资源利用效率，提升水资源的保障程度。二是建立健全应急管理体系。充分利用大数据、信息化手段构建流域信息共享平台，提升应急管理能力，确保应急水源供应，有效应对突发事件的发生。此外，黄河流域调水调沙之后导致了同流量水位下降，给黄河下游引黄供水带来不便。为此，应超前科学谋划，合理应对，建立预警方案，切实解决调水调沙后河道下沉导致的水资源供应不足问题。

（2）建立流域水资源利用的预警机制

对黄河流域水资源利用而言，以绿色发展理念为指导，遵循“以水定产、以水定城”的原则，紧紧围绕水资源的可持续利用构建相应的预警机制。一是建立流域水资源承载能力监测预警机制。严格执行配水方案，严控取水许可总量，实时开展取水工程或设施的核查工作，对于水资源开发利用处于临界状态的区域及时进行预警。同时，建立许可水量动态调整机制，推动区域内的水权转让与交易。二是建立健全流域生态流量监测预警机制。实现黄河流域水资源可持续利用，需要加强黄河干支流之间、主要湖泊与河流之间的统一调度和生态流量管控，通过预警机制保障流域及相关地区供水安全和水生态安全，维护黄河健康生命。

（3）建立黄河流域监测评价机制

实时弄清黄河流域水资源状况是实现水资源可持续利用的重要一环，为此需要建立有效的监测机制。一是建立流域水资源动态监测机制。黄河源头的水源状况直接决定着整个黄河水资源状况，因此，需要对黄河水资源特别是源头水资源的动态变化情况进行实时监测，及时将水资源信息反馈到流域9省（区）及相关部门，以便及时调整水资源分配，提高水资源保障能力。二是建立流域水质监测机制。水质是黄河水资源可持续利用的一个重要方面，因此，建立流域内水质监测机制，明确流域水环境监测规范、规程、技术方法和省界水体水环境质量标准，并根据监测结果对黄河流域水资源质量进行科学评价。三是建立有效的数据共享机制。通过协调流域各省（区）及相关部门、水利部相关部门构建数据平台的互通互联，实现彼此之间的数据交换和共享，以便黄河流域及时采取协同治理行为。

3. 健全水价机制，逐步完善水权交易制度

（1）建立科学合理的黄河水价形成机制

《水利工程供水价格管理办法》（以下简称《水价办法》）的颁布实施，为健全黄河流域供水价格形成机制提供了依据，对规范供水价格管理、实现黄河水资源的可持续利用具有重要意义。一是科学核算黄河水价。基于黄河水资源的时空变化规律以及在各省之间分配的特点，应采取分类核算的方法，对资源水价、工程水价、环境水价分别进行核算，为流域进行水权交易以及节约用水提供依据。二是有序推进两部制水价。在逐步完善计量设施和末级渠系配套工程等硬件设施建设的基础上开展有关两部制水价的基础理论研究，尽快制定《黄河流域水利工程供水两部制水价核算办法》，有序推进基本水价和计量水价相结合的两部制水价的实施。三是建立流域水价调节机制。在明确黄河流域9省（区）水权、各项用水控制指标的基础上，考虑到黄河水在丰枯季节供水价格的差距，逐步建

立起水权转让和水价补偿调节机制，提高黄河水资源的利用效率，促进水资源的合理流动和配置。

(2)持续推行农业水价综合改革

黄河流域农业水价综合改革，涉及流域的9省(区)及多个相关部门，需要省(区)之间、部门之间的协调联动以及农业用水者的支持配合。一是强化对农业水价综合改革的重视程度。在国家推动农业水价综合改革背景下，黄河流域省(区)、地(州、市)等层面应加强对流域农业水价综合改革的认识，从思想上加以重视，从政策、资金、技术等方面给予支持。二是科学确定农业用水价格。从工程供水价格、灌区供水价格到终端供水价格等各个环节理顺价格传导机制，针对不同类型的水利工程以及流域上中下游农业生产的实际情况，对农业用水采取不同的定价方式，逐步推行以供水成本替代收费标准，同时，要逐步、适度地实行供水成本数据的公开，以满足农民的知情权。三是有序推进阶梯水价制度。根据黄河流域农业生产结构的不同以及农业用水的控制性指标确定相应的用水量。辅以农业用水精准补贴和节水奖励机制，实行农业用水定额管理，有序推进超定额累进加价的“阶梯水价”制度。

(3)完善与推广黄河流域水权交易机制

实施水权交易，是实现水资源优化配置，提高用水效率的有效手段。一是完善和推广黄河流域水权交易机制。在黄河流域水权交易实践的基础上，组建黄河流域水权交易中心，依据《黄河水权转换管理实施办法》的相关规定，在重点区域设立水权交易市场。二是完善农村水权交易市场监管体系。根据流域内开展的水权交易的成功实践，重点开展农业向工业的水权转让。结合区域或流域内灌区实际情况，制定合理的农村水权转让价格，完善农村水权交易市场监管体系。三是规范水权交易规则。根据水权交易中出现的问题，进一步完善水权交易的操作规则，对水权交易中的相关问题做出规定。四是建立水权抵押制度。根据水权交易的具体额度，实施相应的抵押，使得交易双方承担相应的责任，同时，加强水权交易市场监管，使水权交易行为更加规范、更加有序。

4. 健全生态补偿机制，推动黄河流域水资源可持续利用

(1)推进建立典型支流跨省横向生态补偿机制

以建立黄河流域生态补偿基金为引导，以跨省生态补偿资金支持为重点，率先在黄河流域典型支流上下游推进横向生态补偿试点，建立典型跨省界支流生态环境保护共建共享机制。探索提出黄河跨省流域横向生态补偿技术指南，明确补偿基准，将流域跨界断面的水质水量作为补偿基准，探索适宜的补偿方式。需要考虑多方因素，包括流域中上游地区生态环境的现状、保护治理生态环境的投入、水质的改善等，而且还包括下游

地区的支付能力、下泄水量保障等因素，在此基础上，综合确定跨流域的生态补偿的标准。

（2）建立黄河流域生态补偿基金

在对黄河流域用水效益和上游地区生态保护损失进行科学评估的基础上，由中央财政联合9省（区）地方财政设立黄河流域生态补偿基金。一是财政资金主要来源于现有国家重大水利工程建设基金、中央财政资金、沿黄9省（区）地方财政资金等。二是为实现黄河流域生态环境保护战略与市场机制的有机统一，主要吸引大型商业银行、产业投资基金等机构参与到全流域治理之中。

（3）创新流域生态补偿机制

建立流域生态补偿机制是黄河流域建设生态文明的重要制度保障。一是健全黄河流域包括资源开发补偿、污染物减排补偿、水资源节约补偿在内的各种补偿制度，合理界定和配置黄河流域生态环境权利，健全交易平台，有效实施生态补偿。二是加快推进黄河流域生态环境权益探索，排污权交易、生态建设配额交易等市场化的生态补偿方式对黄河流域中上游保护生态环境所丧失的发展机会成本和环境保护设施、水利设施项目等延伸投入予以补偿。三是对黄河流域生态系统服务价值及生态产品价值进行科学评估，以此作为生态补偿的标准，同时，也为实施多元化、市场化的生态补偿提供依据。

5. 实施多种举措，推动节水型社会建设

（1）宣传节水理念，形成良好的社会氛围

为实施黄河流域生态保护和高质量发展战略，全流域各级政府及流域机构共同组织宣传，充分利用各种新媒体手段，宣传绿色节水理念、节水知识，在全社会形成节水氛围，使得节水理念不断深入人心，成为人们的自觉行为。与此同时，将绿色节水、用水理念作为生态文明建设的重要部分纳入学校教育，从小培养具有生态责任的公民。

（2）采取节水技术，提高水资源利用效率

实现黄河流域水资源可持续利用必须大力发展节水型产业。对农业节水而言，在流域内应根据生产实际以及自然环境条件，推广适宜的节水灌溉技术，并将其与农艺措施相结合，提升农业用水效率；对工业节水而言，大力推进工业生产技术、生产工艺的生态化改造，在节水的同时注重提高水资源的重复利用率；对城乡节水而言，在现有条件下，推广节水设施的使用，最大限度地推动居民生活节水。

（3）创建节水型单位，发挥典型的示范引领作用

从“全民共识”到“全民行动”，中国正稳步推进节水型社会建设。在此背景下，黄河流域应大力推行节水型学校、节水型医院、节水型机关等节水型单位的创建评选工作，

发挥它们的示范引领作用，共创节水型社会。为此，对创建节水型单位进行认真的考核评价，包括创建单位是否有明确的组织领导，是否有健全的节水管理规章制度，是否有明确的节水措施，以及是否产生了显著的节水效果，特别是单位参与人员的覆盖程度是否达到了一定标准，根据评价结果进行比较，授予“节水型社会建设先进单位”称号，并通过各种新闻媒体进行宣传，营造全社会节水的良好氛围。

饮用水安全保障措施

饮用水安全问题是关系国计民生的重大问题。党中央、国务院历来高度重视饮用水安全问题，要求加强饮用水安全保障工作。由于经济社会的发展，我国的水资源受到严重污染，人民的生命健康不能得到保证，针对众多水资源问题，我们要切实加强关注，保护水资源，就是保护我们自己的健康。

一、目前水资源主要存在问题

目前各个地方的饮用水资源受到不同程度的破坏，如今的农村我们已经看不到清澈的河流，，同时地下水有的已遭到污染，农民已没有干净的水资源可以引用。目前我国存在的主要水资源污染现象主要有：一是环境的污染，环境的污染导致水资源严重破坏。比如火电厂附近的村庄，火电厂排除的废水含有重污染物，不经过处理就私自排放，导致火电厂附近村庄地下水已收到严重污染，村民已无干净的地下水可以引用，同时附近村庄的癌症患者在逐年上升，这已经是关乎健康的水资源污染问题。二是城市饮用水资源，城市引用水资源一般来自河流，可是河流自上而下的流经居住区的过程，生活垃圾，生活污水已将河流水严重污染，处于下游的城市居民已无良好的水资源可以引用。三是湖库型饮水源，近些年来由于经济的发展，湖库型水资源也没有得到很好的保护，遭到了严重污染，为供水地区带来健康隐患。四是过渡砍伐树木，导致水土流失，水土保持能力大大降低，水资源散失。目前的水资源保 o 问题主要是污染的问题，需要加强政府的执法强度，对污染水资源的企业进行处罚，要求使用净水装置，大道排放标准后进行排放。

针对目前水资源存在问题，主要提出以下几方面的应对措施：

二、水资源保护措施

1. 加大水资源保护的执法力度，对污染水资源的企业个人进行处罚

面对如今水资源不断遭到污染的现象，一些企业偷偷排水工业污水，部分个人私自倾倒生活垃圾至附近河流，对于这种现象。各部门应该联合起来进行水源地的合理保护，将环境保护工程科学合理的实施出来。首先建立举报机制，对擅自排放污水的企业，执法部门收到举报后，立马采取措施，进行关停处置，对企业进行处罚，同时要求企业安装净水装置，达到检测要求后，方可复工生产。其次，实施过程中，应该不断宣传水源地环境保护建设的重要意义，不仅对工作人员做思想政治教育引导，更要对周边群众、企业做出合理引导，利用群众的力量扩大环保渠道，让更多人意识到保护水源的必要性，对于个人的污染行为要给予教育，性质严重者要给予处罚。通过将水资源保护法律实施，对企业个人进行教育，同时提高了水资源保护，实现水资源品质的提升。

2. 加强湖库型水资源地的生态工程保护

对于大部分地区目前采用的饮用水方式是湖库型，所以集中对湖库型水资源保护尤为重要。首先要改善生态环境，保护区自然生态环境需要进行围栏护理，避免周边水域受到人为活动影响。同时对于河道适时清理淤泥，河内种植水生植物，优化水体。并在周边地区建设生态湿地与绿色屏障，保护水源地内生物的多样性，完善水源地生态平衡，以此优化水质。此外，加强水源地林地建设也是一项重要的环境保护工程，将湖库分区域进行规划，多样树种、多样草种有效结合构建绿化生态网，是保持水源地区域内绿化工程的重中之重。并且周边城乡绿化设施也应不断完善，不仅要使水源地内的水体不受污染，更要保证城乡水体的质量，才是有效进行环境保护工程的手段。通过对生态保护及绿化面积的工程建设，可以达到涵养水源、优化水质的效果，从而提升湖库型饮用水水源地的环境保护力度。

3. 加强水资源污染的应急处理措施

目前我国的城市管网中，污水系统和给水系统虽然分离，可是污水系统对给水系统可能产生污染。污水系统发生渗漏会影响给水系统供水。因此我们需要建立应急处理措施，对于一旦发生给水污染情况进行应急处置，保证污水不过多进入给水系统。

4. 加强人们的水资源保护意识

当然水资源保护的最关键环节还是人们对于水资源重要性的认识，对于政府管理者，若认识到水资源的重要性，就可以严肃处理污染水资源着，对于城市水资源管理者若认识到水资源重要一选哪个问题，就会认真处理水源，是水质大道满足要求后进入市政管网，对于普通的人民，就会自觉保护身边的河流不受污染等等。所以在加大立法处置程

度的同时要加大对水资源保护重要性的宣传，使人们认识到水资源保护的急迫性与重要性。

三、总结

水是人们生命中不可或缺的财富，而饮用水水源必须要确保其水体的循环性与可持续发展，面对水源地环境保护工程存在的立法、管理、保护措施等问题，必须要不断构建生态保护与优化水源的机制，促进水源地的合理发展，以此为人们更好的服务。水资源的保护需要全体大众行动起来，对工业企业进行监督，对身边的个人进行监督等等，这是关系到你我身体健康的事情，不容小觑，所以让我们行动起来吧，一起保护我们的水资源，让我们生活在干净的水资源环境中，喝到放心的饮用水。

水资源的节约与管理

缺水问题会变得越来越普遍，主要原因是世界人口正在增长，全球气候变化也会导致许多地区干旱加剧、供水量减少。此外，许多水源还受到不恰当的垃圾处理、工业废弃物排放、农业化肥污染和海水倒灌等的严重威胁，导致可利用的淡水资源进一步减少。黄河两岸富宁夏，宁夏是个引黄灌区，以农业种植为主的“鱼米之乡”，同时也是一个严重缺水的地区。

一、黄河水资源的现状

黄河是我国的第二大河，是中华民族的摇篮。随着流域内工农业的发展，黄河两岸年用水量由上世纪50年代的122亿立方米猛增到90年代的300亿立方米左右从1972年起到1999年的28年间，黄河下游有22年断流，根据预测：正常来水年份情况下，2010年黄河流域缺水40亿立方米，2030年缺水110亿立方米，2050年缺水160亿立方米左右，由此可见，用水需求已超出了黄河水资源的承载能力，水资源供需矛盾越来越突出，缺水已成为沿黄河地区社会经济可持续发展的重要制约因素。

二、节约水资源

节约水资源并不是不使用，而是指有序的使用水资源，不浪费不必要的水资源，同时按照合理的方法进行使用。经过总结，水资源的节约主要有以下几个方面：

一是严格分配水资源，对建设、工业用水、农业用水等进行严格的水资源的总量控制和定额分配。二是通过强化取水许可的审批，在根源上杜绝用水需求量过度。三是对农业实行集中灌溉，先下游后上游，先高口后低口，先急后缓，控近送远的原则，减少因灌溉过程中的水量损失。四是通过使用生活、农业用水、工业用水后的污水净化处理水重复作用。五是提升水价，水资源的浪费从很大一个方面来说，主要就是因为原来水价不高，导致很多人因为觉得水“便宜”而不在意，提升水价可以让人民从另一个方面觉得水资源的宝贵，更为切入每个人的生活，促使其自主的对水资源进行节约。六是加大宣传力度，水是宝贵的不能只是一句空话，因为并非每个人都可以深刻的认识到节约用水，更需要不断的宣传，让节约用水的意识可以走进每一个人的心中，并自发的进行节约。

三、水资源的合理利用

1. 整体规划水资源

为了可持续发展可以顺利进行，必须要对水资源进行规划，遵守人水和谐振的思想和水资源的自然规律。整体上协调生产、生活用水的同时，对水资源的来源也要做规划，除节流、治污、渠道开源泉之外，也要着重于非传统水源泉的开发，经过多年探索，制定了机井运行补贴和雨雪窑藏水调剂灌溉政策，确保抗旱保灌工作顺利胜利进行。

2. 推广节水型社会

节水型建设可以从很大一方面缓解我国对水资源的需求，主要是要求提高水资源的利用效率。建立政府调控、市场引导、公众参与的节水结构，通过对水资源的宏观控制和微观定额，达到科学用水的目的，针对这种情况，自治区农业、水利等部门正积极采取措施，通过调整农业产业结构，大力发展高效节水农业，加强农田水利基础设施配套的建设，推广节水技术，强化水权管理制度，

3. 减少污染

我国的水资源利用，除了浪费之外，更为严重的就是污染，工业污染对生态平衡造成了很大的损害，同时也导致大量的水资源不能正常使用。水资源的使用除了节约和合理利用之外，还需要减少对水资源的污染，调整工厂的产业结构，控制工厂的污染防治水平，对工业用水和排污要进行严格的监控，提高对黄河排污口的净化水平，逐步的恢复健康的水生态，“达到鱼水共存”的美景。

4. 合理利用水资源的推广

合理利用水资源需要大力的倡导人水和谐的生态文明观，运用多样化的宣传手段，让人民明白水资源的紧缺及合理利用的必要性，同时，不断的加深每个人节约和保护水资源的意识，将水生态环境的现状公开，使水资源利用度透明化，促进公众的参与支持，

将合理利用水资源推进到基础的制度建设中。因此，加强水资源管理，通过运用行政、法律、经济、技术和教育和宣传等手段，对黄河水资源进行有效的开发、利用、保护是实现黄河水资源可持续利用、维持黄河健康生命的保证。

二、黄河流域水资源节约的措施

1. 加强宣传教育，提高群众节水意识

黄河流域水资源节约需要全社会的共同参与和支持。因此，政府应该加强宣传教育，提高群众的节水意识，让广大群众了解水资源的重要性和短缺的现状，从而形成自觉节水的意识和习惯。

2. 推广节水技术和设备

政府应该加大投入，推广节水技术和设备，如滴灌、微喷、雨水收集等，从而提高灌溉效率，减少用水量。同时，政府还应该鼓励企业研发更加先进的节水设备，提高水资源利用效率。

3. 加强水资源管理，实行水量分配制度。

政府应该加强水资源管理，实行水量分配制度，确保每个地区的水量分配合理、公平、科学。同时，政府还应该加强对水资源的监管，防止浪费和污染现象的发生。

三、黄河流域水资源管理的措施

1. 加强法律法规建设，规范水资源管理行为

政府应该加强法律法规建设，规范水资源管理行为，对违反水资源管理规定的行为进行严厉打击和处罚。同时，政府还应该加强对水资源管理机构的监管，确保管理机构的工作规范、公正、透明。

2. 推行水资源有偿使用制度

政府应该推行水资源有偿使用制度，通过市场机制引导水资源的合理配置和利用。同时，政府还应该加强对水资源收费的监管，防止乱收费和收费不公等问题。

3. 加强水资源综合管理，提高水资源利用效率

政府应该加强水资源综合管理，提高水资源利用效率。具体来说，政府应该从以下几个方面入手：

（1）加强水利工程建设，提高水库蓄水能力和灌溉效率。

（2）推广节水技术和设备，提高水资源利用效率。

（3）加强水资源管理，实行水量分配制度，确保每个地区的水量分配合理、公平、科学。

(4)加强水环境保护，防止水污染和环境破坏。

总之，黄河流域水资源的节约与管理是一项长期而艰巨的任务。政府应该加强宣传教育，提高群众节水意识，推广节水技术和设备，加强水资源管理和监管，推行水资源有偿使用制度，加强水资源综合管理，提高水资源利用效率。只有这样，才能保障黄河流域水资源的可持续利用，促进经济社会的可持续发展。

我国水资源的利用与保护

水，对于世界万物来说都是必不可少的，动植物如果来开水，那么它们将无法生存。对于人类来说，则是更为重要的。而由于近些年来水资源不断恶化，其污染范围以及污染程度逐渐加剧，对于水资源的有效保护与二次利用，应急成为急需解决的问题之一。本节结合我国实际的情况，提出相应的几点治理办法以及参考性治理措施，希望能够有所帮助。

一、我国水资源利用的当前状况

我国是一个水资源短缺的国家，我国水资源总量为2.8万亿 m^3，其中地表水2.7万亿 m^3，地下水0.83万亿 m^3，扣除重复计算量0.73万亿 m^3，总量并不丰富，人均占有量更少。我国人均水资源约为世界人均的1/4，排在世界第121位，是世界13个贫水国家之一。我国的水资源环境正在一步步恶化，再加上那些用水浪费，偶然的洪涝灾害、水资源的南北分配不均，我国的水资源形势更是不容乐观。

水，作为一种资源已成为衡量一个国家能否持续发展的重要因素，其开发利用程度，标志着一个国家经济和社会的发展水平，其调蓄能力，决定着国家发展后劲的大小，其供需失去平衡将导致一个国家社会经济的波动。水是人类的生命线，也是农业和国民经济的生命线，可见水决不是一般的资源，而是影响一个民族生存和发展的战略资源。

二、当前我国在水资源利用与保护方面存在的主要问题

近年来，我国水利等相关部门在根据水资源利用与保护方面做了大量的工作，并且取得显著成效。但就目前的水资源利用与保护方面，依旧是存在许多不容忽视的问题。

1. 对我国水资源存量的认识定位存在着很大的差距

据统计我国水资源总量约为2.8124万亿 m^3，占世界径流资源总量的6%；而且在用

水量方面，可以说是用水最多的国家之一；2011年全国取水量（淡水）为60000亿 m^3，占世界年取水量12%。多年来，很多人把我国的水资源定位在富水区的位置之上，其实不然。由于我国人口密度较大，因此水资源人均占有量极少，远低于联合国界定的人均占有水资源，被列为世界几个人均水资源贫乏的国家之一。

2. 水资源水质污染问题日趋严重

从调研情况看，我国地表水和地下水都已不同程度地受到严重污染。据相关统计发现，许多河流水域当中都存在着严重的水质污染。根据对全国八个水源地之中的118个取水点进行水样的监测分析发现：黄河流域的水污染严重。干流部分河段受有机质污染，支流汾河、渭河、湟水河、伊洛河的部分河段污染最重。全流域符合一、二类标准的只占5%，符合三类的占35%，属于四、五类的占60%。主要污染指标为氨氮、高锰酸盐指数、生化需氧量和挥发酚。珠江流域水污染有所加重，部分支流河段受到污染。水质符合一、二类标准的占31%，符合三类的占47%，属于四、五类的占22%。主要污染指标为氨氮、高锰酸盐指数。淮河流域水污染问题十分严重，水质符合一、二类标准的只占27%，符合三类的占22%，属于四、五类的竟占51%。主要污染指标为氨氮、高锰酸盐指数。松花江、辽河流域水污染严重，水质符合一、二类标准的仅占4%，符合三类的占29%，有67%属于四、五类，其中太子河的本溪段污染最为严重。而在对这些受污染的水样进行调查分析发现，其中最主要的污染源就来源农业面源污染、生活垃圾污染以及工业生产污染。

3. 水资源费和污水处理费依法征收不到位

在我国，对于水资源费以及污水处理费的相关征收工作上，除了对居民生活用水是一次性征收到位之外，对于工业生产用水及企业自备井用水等相关用水费用的征收严重不足，长久以来不仅会造成诸多水资源的大量流失，而且还很容易就会影响到污水处理厂的兴建与正常运营，这一点可以说是导致我国水资源重复利用率较低的一个主要原因。

三、如何加强水资源进行相关保护措施以及利用率

通过上述的相关调查，并且为了能够更好的适应当今形势的发展，对于水资源的利用与保护更是应当受到重视与加强节。因此，为了能够确保我国经济的平稳运行与社会可持续性发展不受影响，并且相应的结合我国实际情况提出如下几点建议：

1. 进一步提高对水资源开发利用保护工作的思想认识，增强工作的紧迫感和责任感

水资源是人类赖以生存的不可替代的资源，要理性地认识到我国目前水资源状况已不富裕，随着我国经济和社会的快速发展，生产、生活用水量的加大，水资源将成为制约我国经济和社会发展的“瓶颈”。要提高全社会对节约和保护水资源重要性的认识就应当做到如下几个方面：

(1)对水污染的严重性要有足够的认识。经济社会发展要与生态城市建设相结合。要充分认识到水资源污染而不治理，有水等于无水。

(2)对水资源要科学开发，严禁破坏性的开采利用，水资源不是取之不尽，用之不竭的资源，水资源的循环再生需要一个相当过程，要在全社会倡导节约用水、清洁用水光荣、浪费用水、污染水资源可耻的社会风尚和理念。

(3)严格用水准许制度，将水源开采量严格限制在允许范围内，严禁超采，对已超采的水源，要调整到允许范围内。

(4)要依法强化对水污染源的遏制和治理，严禁在水源保护区内建设污染项目，已经建设的要限期整顿或搬迁。对偷排污水、污染破坏水源环境和不服从管理的人与事，应进行公开曝光批评和处罚，并追究当事者的经济或刑事责任。从污染源头做起，有计划的做好水资源的防污、治污工作，尽快改善我国水资源的水质状况。

(5)强化水资源费和污水处理费的收缴力度，利用经济杠杆和政策，推动节水和污水治理工作，解决在用水方面把企业效益转加给社会的错误观念。

2. 加强集中供水，减少自备井供水，扩大利用地表水、中用水，减少利用地下水。合理调整优化供水结构

目前，我国供水结构中严重存在着地下水利用高，农业用水多，而地表水利用少，造成地下水超量开采而地表水浪费的现象。在地下水开采中，自备井开采量大而广，管理不到位。建议做好水利规划和城市建设规划的衔接，把城市供水规划作为城市总体规划的重要组成部分，加强统一管理。完善城镇供水规划，科学调配供水水源，全面清理企业自备井，扩大集中供水规模，严格控制水源开采量，坚持取补平衡的取水原则，尽快改变水源超采问题，做好地表水供水规划和工程建设规划，尽快将地表水纳入我国城镇供水规划，形成合理供水结构。

3. 坚持节流开源并举，切实做好水资源水量增存工作

水资源的开发利用要坚持开源节流并重、全面兼顾的原则。围绕我国水资源水量的增存，积极拦蓄地表水，开发新水源，最大限度地搞好全市范围的拦蓄工程和以小流域为单元的塘坝、水库工程。抓紧实施马河水库除险加固和周村水库扩容工程建设。创造条件并实施庄里水库和两岔河水库两个大中型水库的建设。出台相关政策，引导企业底价使用污水处理后的中用水。要充分利用好南水北调江水和南四湖湖水等境外客水水源。

除此之外，还应当大力开展节水型社会建设，重点加强城市特殊行业的计划用水审批和管理，如洗浴业、洗车业、餐饮业等。要加强城镇生活节水，降低供水管网漏失率，提高节水器具的使用普及率。要以农业节水为重点，大力推行农业节水灌溉，建立合理

的水价形成机制，进一步理顺水资源费、自来水价格、污水处理再生水及各类用水价格的比价关系，使节水由政府行为变为经济行为，利用经济杠杆促进节水。

4. 要建立水利投资体系，加大工程投资

治水和水利工程建设是一项复杂的系统工程，要解决好水利与国民经济和社会的协调发展，统筹考虑洪涝灾害、水资源短缺、水环境污染等问题及协调不同治水措施之间的关系，除建立完整的、科学的水利规划体系外，还必须尽快建立水利投资体系，才能满足有计划的建设适应经济社会发展的调水、蓄水、引水和取水工程巨大资金投入的需求，有效的保证水利工程按计划实施。

5. 坚持部门联动、依法行政，切实改善我国水资源的水质条件

实现我国水资源的水质优化，最重要的就是要保证供水系统的正常运行。面对我国水资源污染的现状，政府部门应当要切实加强对水资源地的保护工作，要做好规划，划定水资源保护区，并制定相应的水质保护区管理办法或处罚条例，严格禁止在水资源保护区域内建设污染企业、设置排污口和垃圾处理场，营造出一片清洁区域，确保水资源免受污染。市水利、环保、建委、财政等相关部门要实行联动监管体制，依法行政，突出抓好企业污水治理、自备井使用、水资源费和污水处理费征收、污水处理厂中用水资源优化配置、城镇居民和农业生产节水等工作环节，确保我国水资源开发利用保护工作走上良性循环的轨道。

四、总结

加强水资源统一管理。要继续深化取水许可制度，健全水资源管理制度，逐步推行水资源开发利用评价制度。要加强对地下水管理，完善地下水监测网络，建立干旱期水资源应急管理预案，提出干旱期水资源分配的意见，并结合取水许可的计划用水监督实施。依靠科技进步，缩小我国与国际先进水平的差距。坚持科教兴国的方针，结合我国的国情，因地制宜地积极研究、开发、推广水资源开发利用和保护管理设备和技术，努力赶上国际先进水平。

黄河水资源利用及其对生态环境的影响

我们在近些年黄河治理的基础之上，分析该流域水资源过度开发以及河流生态环境

的利用问题，从而归纳出黄河流域水资源的利用问题，以及探讨生态环境的影响，并也提出了黄河水资源可持续利用的建议。

一、黄河水资源的利用

伴随着我国社会经济的快速发展和科技的进步，人们对水资源开发利用规模和强度日益增加。北方许多河流的水资源利用程度已经接近甚至超出国际公认的河道范围，并且在左右的警戒线上进行了开发利用，使得维护河湖良好生态环境的需要水压日益增加。

同时，水资源过度开发利用也引起了大量生态环境问题，如大规模河道外流导致河道断流、湿地萎缩等；地下水超采，形成大面积的地下水位下降漏斗；不当的灌溉方法，加剧了次生盐渍化；污水排放量的增加和河道水量的减少，使得水体污染加重，进而导致有效水资源减少。

在新中国成立之后，尤其是70年代，黄河沿线的地区都对黄河进行了大规模的开发与利用，并且进一步导致了用水规模的扩大。

黄河河川径流相对集中，并且以农业灌溉为主。自从引用黄河灌溉而来，近些年灌溉的面积也急剧增加，其中发展最快的为黄河下游地区。通过对黄河流域近些年的地表流量进行分析可知，黄河近年来的流域径流量逐渐呈现下降趋势，并且在1985年前后格外明显。

在近十几年间，降水的减少和流域下垫面条件变化导致径流的改变，黄河流域的水资源情形也发生了新的变化，尤其是黄河中游地区。

除此之外，下垫面的变化也进而影响了产汇流关系的变化。未来几十年，黄土高原水土保持项目建设和地下水开发利用，使得黄河流域产汇流向更差的方向发生了变化。

引黄地区经济社会快速发展，黄河流域及下游流域生态环境良性保持均对水资源提出过高要求，导致黄河水资源供需矛盾仍然十分突出。

水资源总量不够。多年来，黄河流域平均河流天然径流量为，仅占全国河流径流量的一半，但承担着全国的耕地面积和人口供水任务，也需要向外部分地区远程调水。

同时，黄河是全球最多的泥沙河流，这让有限的水资源还要满足输沙要求，导致经济社会发展中可用水量进一步减少、大量挤占生态环境用水。

自从世纪年代以来，随着黄河流域的水资源开发利用规模的不断扩张，再加上降水量的减少引起的水资源，黄河和入海水量都有了很大的减少，导致大量的生态环境用水被挤占。

二、黄河水资源利用与生态环境的影响

1999年黄河水利委员会启动实施刘家峡头道拐、三门峡水库、利津干流河段水量统一调度工作，年黄河头道拐、三门峡河段水量统一调度工作再次开展。

这些措施对改善黄河下游生态环境起到了积极作用，促进了下游水功能的实现和黄河三角洲湿地的生态恢复、确保了黄河在非汛期输送一定的营养盐入海，对河口及近海水域的生态环境产生了一定的有利影响，可随之而来的也带来了许多负面影响。

由于黄河水资源开发利用在当前及未来较长时间内不会发生明显变化，导致黄河水量偏少、水污染严重、泥沙淤积、生态破坏等情况仍是导致黄河生态环境恶化的主要原因。

同时，黄河水资源利用对生态环境也产生了许多影响。水环境是水生生物赖以生存的根本，但因为河道水量减少、水质恶化、水利工程建设、沿黄地区植被退化和湿地面积减小等原因，导致水生生物的生存环境遭受了巨大损害，严重威胁着河流生态健康。

在世纪的黄河流域，有种在黄河流域的各类水体中发现，其中纯净水类、过河口性稣游鱼类和半咸水类。

但近年来，黄河鱼类在品种、品种分布及数量等方面均呈现出减少、衰退的趋势。其中，黄河中上游浮游生物平均生物量大幅减少；黄河干流上游河段土著鱼类濒危性加重，鱼类逐步小规模。

黄河河流生态系统是由黄河水生物及其生存无机环境相互作用组成的一个有机体，而水生物的种类、种群分布以及减少生存环境破坏等，都会对黄河河流生态系统造成严重损害

三、可持续利用的建议

1. 增加资源利用率

如今黄河的水资源利用供需矛盾主要是由于利用量太少，并且能够解决这个问题的唯一方法就是增加该流域水资源的量。根据资料表示，当南水北调工程东线与中线相继完成之后，已经可为下游提供大量的水资源，也为缓解黄河流域起到了重要的保护作用。

此外，黄河流域的废水排污量也极为庞大，如果将这些污水通过一定的措施进行处理，那么不但会解决污水的污染问题，更是会提供大量的可用水资源，并且借此就可以极大程度地缓解水资源的短缺问题。

2. 节约用水

提高水资源的利用效率首先是在农业方面，由于农业灌溉用水占据了用水量的七成之上，而其中真正用到农田之中的有效用水却只占据了大概二分之一，余下的部分则是

在送水和灌溉的过程中产生了消耗，具有较大的节约潜力。

因此，可以通过调整农业的种植结构，并且依靠农业技术进步与水利工程等措施，从而对水资源进行节约。

除了农业用水，工业节水也有较大的潜力。在工业方面，黄河流域的水资源利用效率已经达到了六成，这与如今世界上的发达国家还是存在着一定的差距，同样具备节水潜力。工业用水与农业用水相同，也具有节约用水与减少污水处理的双重性质。

3. 建立科学的水价制度

建立合理的水价制度也是目前促进节约用水，缓解水资源利用效率的有效矛盾。截至目前，黄河流域的水价已经严重的偏离了成本，绝大部分的流灌区域的水价成本还不足四成，这也间接地导致了用水效率的低下与水资源的污染，同时也阻碍了节水的水利工程建设和节水技术的推广。

因此，在同一地区的范围内实行阶梯类型的水价体系，提高超出合理的正常用水量，按照价格进行补偿成本，合理的收益，优质优价并且逐步完善水价的形成机制，以通过经济杠杆对水量进行调节。

4. 加强流域内的水资源管理

加强水资源的调度和管理，自从1999年实行黄河水量的统一调度之后，下游河道的来水量也明显增强，部分河段的水质也有一定的改善，河流生态系统的恶化趋势得到了遏制，这也表明对黄河水量进行统一调度也能对水资源的利用与河流生态健康起到积极作用。

根据研究表明，在黄河流域内修建一套包含着降水量监测预报等全方位的管理系统，那也可以为强化水资源统一管理创造出良好的条件。

四、总结

黄河地表水资源量大幅度减少，处于枯水期，主要用水区域是宁陕两省区，主要用水部门为农业、河流利用率高、水资源供需矛盾突出等问题。

在变化环境中，水资源条件的演进向有利方向发展，一定程度上可以缓解今后水资源供需矛盾，但形势依旧不容乐观。黄河水资源利用存在的主要问题是，水资源总量不足，难以支撑经济社会可持续发展，大量挤占生态用水，严重威胁着河道卫生和低效用水。

水资源过度开发利用，直接导致河道水量减少，污染水质，泥沙淤积，生态破坏等问题，这些问题对河道生态环境造成严重影响，通过增加黄河水资源总量、节约用水、提升水资源利用效率、建立科学合理的水价体系以及加强全流域水资源统一管理调度等措施，是解决黄河水资源利用难题的有效途径。

黄河流域人水关系分析

黄河流域人水关系极其复杂，而人水关系学是解决人水关系难点问题的有力工具。本研究首先对黄河流域人水关系历史演变过程进行梳理分析。其次，总结了处理黄河流域人水关系存在的若干代表性难点问题。此外，在论述人水关系学主要内容的基础上，从人水关系学视角探讨了黄河流域人水关系难点问题的可能解决途径。以黄河分水难题为例，对人水关系学的理论和方法体系开展具体、详尽的实例应用。

保护母亲河是事关中华民族伟大复兴和永续发展的千秋大计。强调，治理黄河，重在保护，要在治理；把大保护作为关键任务；坚定不移走生态优先、绿色发展的现代化道路。总书记还深刻指出，河川之危、水源之危是生存环境之危、民族存续之危，高屋建瓴阐明了水安全问题是事关生态和文明兴衰的基础性问题。通过对总书记重要论述的学习领悟，我认为研究黄河流域生态演变，需要沿着"人与河""人与自然""发展和安全"交互影响这条主线，透过中华文明发展历史进程，用系统、全面的观念去分析认识。

一、黄河流域人水关系的历史演变和典型事件

从古至今，中国历代人民为处理好黄河流域人水关系进行了艰苦探索，黄河流域复杂的人水关系演变过程，也是整个中国人水关系发展历史的缩影。黄河流域复杂的人水关系演变过程基本可以分为5个阶段：

1. 低层次和谐阶段

原始社会时期至封建社会初期，人类生产力低下，对水系统影响较小，水系统在人水关系中呈现绝对的主导作用，黄河流域人水关系处于低层次的和谐阶段。

2. 探索性发展阶段

从封建社会初期到封建社会末期，随着社会文明的发展和黄河流域生产力的不断提高，人文系统在人水关系中的作用逐渐增强，黄河流域人水关系处于探索性发展阶段。相较于上一阶段，该阶段人文系统对水系统的主观能动性得到全面发展，黄河流域人水关系的复杂性在这种探索性发展过程中不断加深。

3. 失调性恶化阶段

从封建社会末期到20世纪末期，工业文明飞速发展，人文系统对水系统的能动作用进一步增强，在黄河流域人水关系中占据主导地位，但也为水系统带来一系列严重问题，黄河流域人水关系处于失调性恶化阶段。相较于上一阶段，该阶段人文系统对水系统呈现出掠夺式开发态势，各种人水矛盾相继出现，黄河流域人水关系在这种不可持续的开发过程中持续恶化。

4. 保护性协调阶段

20世纪末期至21世纪30年代，随着治水思想的变化，黄河水资源开发利用模式经历了由“资源水利”向“生态水利”的转变，人文系统开始注重对水系统的保护，人水矛盾得到一定缓解，黄河流域人水关系处于保护性协调阶段。相较于上一阶段，该阶段人文系统对水系统呈现保护性开发状态，在人文系统的主观调控下，黄河流域人水关系得到较大改善，按目前发展态势，至21世纪30年代，黄河流域人水关系基本能够实现初步协调，但仍存在诸多难点问题有待解决。

5. 高质量和谐阶段

21世纪30年代之后，黄河水资源利用和保护开始由“生态水利”向“智慧水利”转变，人文系统已经能够在保护水系统健康的前提下开展黄河流域的开发和保护，人水矛盾基本得到解决，黄河流域人水关系处于高质量和谐阶段。

二、黄河流域人水关系难点问题及其本质

黄河流域人水关系的和谐稳定对中国未来发展具有至关重要的作用，因此，解决黄河流域人水关系难点问题是实现高质量发展的必经之路。目前仍存在诸多亟待解决的难点问题和前沿问题，比如南水北调西线工程的论证问题、黄河分水问题、大型水利枢纽建设问题、洪涝与干旱灾害防治问题等。

上述难点问题的出现，其根源可以认为是人水关系的复杂性，但同时也暴露了人类对人水关系认识方面存在严重不足。对人水系统交互作用、水资源适应性利用、人水系统平衡、人水关系和谐演变等人水关系核心问题缺乏系统认知。此外，黄河流域人水关系问题涉及学科众多，仅从单一学科角度出发，解决难度较大。目前尚未形成一套完善的人水关系学学科体系和成熟的理论与方法体系，这是突破人水关系难点问题的关键。

1. 人水关系学框架

一个完善的学科体系至少包括5个要素，即明确的研究对象、具体的基本原理、相对完善的理论体系、一套方法论和广泛的应用实践。

(1)人水关系学的研究对象

人水关系学的研究对象非常明确，即为人水系统。

（2）人水关系学的基本原理

人水关系学的基本原理是对人水关系相互作用以及系统演变基本规律的诠释。依据人水系统内部的基本规律、作用关系和演变特性，总结出人水关系学的基本原理，包括人水关系交互作用原理、人水系统自适应原理、人水系统平衡转移原理、人水关系和谐演变原理。

（3）人水关系学的理论基础

人水关系学是水科学十个分支学科以及社会学、经济学、系统科学等的交叉学科，涉及这些学科的理论方法多数都可以应用于人水关系的研究，因此，这些理论也是人水关系学的理论基础。此外，还有一些专门针对人水关系研究提出的理论，比如人水和谐论、人水系统论、人水博弈论、人水关系作用过程理论等。

（4）人水关系学的方法论

水文学、水资源、水环境、水安全、水工程、水经济、水法律、水信息以及社会学、经济学、系统科学等学科的代表性方法论，多数都可以应用于人水关系的研究。此外，还有一些专门针对人水关系研究提出的方法，比如人水关系辨识方法、和谐评估方法、人水关系模拟方法、和谐调控方法等。

（5）人水关系学的应用实践。人水关系学也是一门应用很广泛的学科，其代表性的应用实践包括：①分析人类活动对水系统的作用，评估人类活动的影响。②分析水系统对人类发展的制约作用，评估水系统承载能力。③建立人水关系的模拟模型，分析人水系统的演变趋势。④构建人水关系的支撑体系，应对水问题，制定水策略。

2. 黄河流域人水关系复杂性带来的难点问题解决途径

人水关系学科在解决人水关系难题方面具有突出优势。从人水关系学科的角度，选取黄河流域具有代表性的几个问题，介绍可能的解决方案。

黄河水量分配问题历来是流域人水关系的难点问题，也是黄河重大国家战略实施需要攻克的关键问题之一。黄河分水问题归根结底是人水关系问题，需要从人水关系学的角度去分析，如何协调人水关系、制定出切实可行的黄河分水新方案，对黄河流域未来发展至关重要。把黄河分水问题作为应用实例，从人水关系学视角下探讨黄河分水问题的解决方案。

（1）河流改道和不合理的人类活动是黄河流域生态演变的主要推动因素。黄河流域人水关系演变过程基本可分为低层次和谐阶段、探索性发展阶段、失调性恶化阶段、保护性协调阶段和高质量和谐阶段这5个阶段，目前黄河流域人水关系处于保护性协调阶段，随着理念和技术的进步，人水关系难点问题会被逐步攻克，未来黄河流域人水关系将进入高质量和谐状态。

（2）黄河流域人水关系的复杂性带来了诸多难点问题，比如南水北调西线工程的论证问题、黄河分水问题、大型水利枢纽建设问题、洪涝与干旱灾害防治问题等。如何形成一套完善的人水关系学科体系以及对应的理论和方法体系，是突破人水关系难点问题的关键。

（3）人水关系学发展至今，已基本具备了明确的研究对象、具体的基本原理、相对完善的理论体系、一套方法论和广泛的应用实践。从人水关系学角度提出了黄河流域人水关系四大难点问题的可能解决途径。基于人水关系学视角得到的新分水方案与目前流域用水格局比较契合。

（4）除黄河流域外，其他典型流域也存在不同程度的人水关系问题。人水关系学的理论和方法体系对于长江流域、尼罗河流域、密西西比河流域等复杂流域的人水关系研究也具有一定的可行性和普适性。人水关系学作为以人水系统为研究对象的新兴学科，在解决流域人水关系难题方面具有突出优势，但仍处于初步发展阶段，其理论、方法、应用研究仍需进一步丰富。